只是为了善

—— 追寻中国建筑之魂

焦毅强 著

中国建筑工业出版社

图书在版编目（CIP）数据

只是为了善：追寻中国建筑之魂 ／ 焦毅强著. —— 北京 ：中
国建筑工业出版社，2013.4

ISBN 978-7-112-15132-5

Ⅰ．①只… Ⅱ．①焦… Ⅲ．①佛教－宗教建筑－建筑艺术－
中国－图集 Ⅳ．①TU-098.3

中国版本图书馆CIP数据核字(2013)第077629号

本书内容包括追寻中国建筑之魂；凤凰岭下的龙泉寺；中国建筑之魂对现代设计的实际意义。作者创造性地提出建筑师要以"善心"对待自己的设计，这就是建筑的"善"体现在"只是为人民"，"与自然合一"，以及吸取中国优秀的文化传统等。

本书可供广大建筑师、高等院校建筑学专业师生、建筑艺术爱好者等学习参考。

责任编辑：吴宇江
责任设计：陈　旭
责任校对：刘梦然　关　健

只是为了善
——追寻中国建筑之魂

焦毅强　著
＊
中国建筑工业出版社出版、发行（北京西郊百万庄）
各地新华书店、建筑书店经销
北京圣彩虹制版印刷技术有限公司制版
北京圣彩虹制版印刷技术有限公司印刷
＊
开本：787×1092毫米　1/12　印张：9⅔　字数：220千字
2013年6月第一版　2014年6月第二次印刷
定价：**98.00**元
ISBN 978-7-112-15132-5
　　　（23227）

序 一

焦毅强居士5年前与龙泉寺结缘，发心承担龙泉寺的建筑设计，因而跟他有很多机会的切磋。我出家至今一直跟寺庙建筑打交道，跟他交流起来也相当默契，感到他非常热爱中国建筑，对传统文化有着独到的体验。他贡献出宝贵的经验和智慧，更是为龙泉寺的古建增添了很多风采。几年来，他的发心、用心、操心，生动地体现在这本《只是为了善——追寻中国建筑之魂》当中，读起来令人动容，耐人久久回味。

一座建筑就好比是一个人，盖楼的过程就如同人的一生。只有在持之以恒的努力中，才能尽享人生之乐。不到最后一刻，便不能一睹此生的壮丽不凡。我们每天都看到各种各样的建筑，就像是领略人生的百态。有的建筑鹤立鸡群，光彩夺目；有的建筑默默无闻，安守平庸；有的建筑金玉其外，败絮其中；有的建筑离群索居，孤芳自赏。

每个人都有个"我"字，建筑也是如此。"有我"与"无我"出自佛教，作者用其讨论建筑，可谓别具匠心。建筑由人而建，为人而用，建筑的"我"其实就是来自设计者、建设者和拥有者的心念。在现代很多人看来，建筑是工具，是"我"的延伸，是欲望的满足，是个性的彰显。古人却不这么看，建筑所承载的是"道"，所体现的是"礼"，所服务的是"人"，"我"在其中得到消融获得超越。古建筑不求造型的标新立异，而是为人搭出一个活动的空间，自己则退居幕后。古建筑群亦如同人群，看起来长相都差不多，不过各有各

的职能，通过布置、搭配、组合产生了种种变化，达到的效果就是众缘和合。

和合就是美，就是善，是净化人心的正能量。"和"即和平，和谐共处，平静无争。"合"即合作，齐心协力，作而成事。可见，和合有两方面的作用，首先是止善，让狂躁的内心安静下来。现代人的烦恼太多，为什么会有这么多烦恼呢？烦恼就是人自己想出来，想偏了，想多了，内心不和就会躁动，正所谓庸人自扰。其次是作善，成就一切善法事业。众人拾柴火焰高，众人齐心力量大。有了"和"，再去谈"合"就比较容易。单单有"和"还不够，那就成了一潭死水，表面上一团和气，结果一事无成。所以，"合"也是非常必要的。

寺庙亦称作丛林，意谓"草木繁盛而不乱"，也是一种和合的象征。寺庙大多盖在山林间，是人世间最接近自然的地方。自然跟人间不同，寺庙刚好处于人天之际。与喧闹的人间相比，自然是安静的，孔子说："四时行焉，百物生焉，天何言哉？"自然是最好的修行道场，佛陀早年就在山林里苦行修道，日中一食，树下一宿，日复一日。相比之下，那些生活在红尘中大都市里的人们，只能在忙碌之暇，在人造土石堆砌出来的"丛林"里，仰望头上一线灰蒙蒙的天空。

建筑矗立在人与自然之间。建筑到底是隔阂了两者，疏远了两者，抑或是结合了两者，沟通了两者呢？这看似一个哲

学命题，却是每个建筑师应该有所深思的地方。评价建筑盖得好不好，可以通过三个层次：第一是使用性，可以由技术来解决。第二是观赏性，可以由艺术来解决。大多数人仅能到此为止。焦居士则是少数能够深入第三个层次的有心人，这就是生命性。建筑应是滋育生命、完善生命的场所，不是束缚生命、消磨生命的地方，因为生命是自然与人之间的最大共通性。古人认为，人的生命起源于自然，最终也还归于自然。佛教认为，人的生命是无限的，在自然中流转，与其他生命一视同仁。这些都跟西方文化差异绝大。西方人很早就认为，人的生命与自然无关，自然只是供人随意支配利用的玩偶。现在看来，这种生命观有着很大缺陷，造成了人与自然的紧张与对立，还有人对其他生命的漠视和残忍。

《只是为了善——追寻中国建筑之魂》，善在哪里？善在生命，善在人心。希望所有阅读此书的读者，都能从作者的仁德与睿智中领悟到一份充实的收获。

2012年冬至于北京龙泉寺

序　二

许溶烈

我至今越来越感觉到从事建筑行业，其任务的重大和责任的神圣，因为它所提供的，不仅仅是人们生活和社会实践所必需的高耐用产品，而且在一定意义上，乃是一个国家、一个地区和一个民族在一定时期的人文历史文化沉积的反映，从而可能在历史的、前人的总成就的基础上，添砖加瓦，甚或大放璀璨异彩，然而，搞得不好，也可能因此而产生负能量或反效果。这其中建筑师和规划师起到的作用和责任，在相当程度上，是无人可以替代的。当然，行政当局宏观方针政策，以及工程项目主导者和所有者的不配套以及认知缺失，在许多情况下，也是产生负能量或反效果的主要原因。

我十多年的老朋友、老同事，也是我心目中由衷钦佩极富创意思维的焦毅强建筑师，最近完成了其内容颇丰、极具新意的一本新著，书名叫做：《只是为了善——追寻中国建筑之魂》。他真诚地、恭恭敬敬地要求我为他这本书写一篇序，我虽是中国建筑业的一名老工程师，但对建筑学知识和学术的理解水平，确实还是一名小学生。从"却之不恭"和"勇于面对"两个方面考虑，我将努力学着完成这个对我来说并不轻松的任务。

前不久，我为一份内部专业刊物写了一篇创刊寄语，对建筑创作和建筑师的要求和使命发表了一点浅见，兹转录如下，以供讨论和参考："建筑是美学，建筑是艺术，而且是承前启后、极富创意的艺术行为的结果（产品），从这个意义上说，建筑创作的评价，只能有相对意义上的较好或更好，而没有绝对意义上的最好。因而建筑设计或建筑创作，必然是由不断思考、不断比较、不断联想、不断集成的过程，最后才有升华而出的结果。人们认为作为一名建筑师，首先应当具备扎实丰富的专业素质和涵养，而且更应当具有不断探索创新的精神和胸怀开阔广纳百川的气度。从这个角度说，建筑师确实是建筑设计的主导者和引领人。同样，能够不断推陈出新，创作出优秀的好作品、好成果的，往往都是由优秀建筑师领衔组成的建筑设计团队。具体地说，许多优秀建筑创作，必然由以优秀建筑师为首，包括结构、水暖空调、机电设备、经济预决算等在内的，各类相关专业互相协调、匹配得当的团队来完成的。"前面主要强调的是，建筑师或总建筑师在建筑创作中的领衔作用和地位，以及建筑师与整个建筑设计团队的关系。

另外，该文还特别提到了，作为成熟、优秀的建筑师及其建筑设计团队，如何与外界积极、善意、谦和地沟通交往，也是极为重要的大事。该文提出："一是要善于倾听；二是要善于表达；更重要的是，三是要善于倾情互动和博采众长，助'我'所用。应当说，这些不仅是一个方法问题，而且在很大程度上，涉及一个人的情怀和修养问题。"

最近，中国共产党十八大报告特别强调要"大力推进生态文明建设"，要求我们"必须尊重自然、顺应自然、保护自然的生态文明理念，把生态文明放在突出地位，融入经济建设、政治建设、文化建设、社会建设各个方面和全过程，努力建设美丽中国，实现中华民族永续发展"。总体而言，这是我们国家和民族在现时代的一项带有根本性和长远性的战略目标和任务。当然，这也是中国建设事业必须遵循贯彻执行的大方针。这使我想起了焦毅强建筑师行将出版的这本《只是为了善——追寻中国建筑之魂》，其内容、思路和探索追求的目标，在宏观上有许多因应符合之处。焦毅强建筑师给我的信中说："当今社会是一个增长提速的社会，同时也提起了人心中的欲望。以名、利、权为荣，且没有止境。这个欲望它反映在社会的各方面，也存在于建筑领域"，"表现在城市无限扩张，自然受到欺压，传统的丢失，建筑无序且以奇为荣，标新立异"。焦毅强建筑师又说："中国古人建房，从不将我置于其中，而是追求与天地共生。"焦毅强建筑师的这些理念和思想，均在他的这本新作中有所反映。而且在许多方面，都顺应了时代的进步和永续发展的潮流，真是可喜和值得称道。欣喜受益良多之余，特为之序！

2012年11月25日于北京

序 三

张钦楠

焦君毅强的《只是为了善——追寻中国建筑之魂》大作拜读之后，深有感触。聊写几句感想。

人们往往以为建筑是无生命的，砖瓦灰石也是无生命的。树木本是有生命的，但砍伐锯刨成为建筑木材后，也没有生命了。其实不然，建筑和人一样，有生老病死，也有苦集灭道，因此也有善恶（这里所谓善恶不同于普通语言中的好坏，后者主要指工程质量，前者则指道德伦理上的标准）。

举例来说，在早期中国民间传说（见《封神演义》）中，商纣王筑鹿台，用大理石建造，高过千尺，用宝玉装饰厅堂与内室，还搜集狗马和各地珍贵物品点缀其中，与妲己在其中过荒淫无耻的生活，最后身败国亡，"蒙衣其珠玉"，自焚而死。这是"恶"的表现。

与之相反，周文王筑灵台灵沼，"与民皆乐"，"乐其有麋鹿鱼鳖"。虽方七十里，"民犹以为小也"，因为它"与民同之，民以为小，不亦宜乎"（见《孟子·梁惠王》）。这就是"善"的建筑。

中国历史上"善恶建筑"累累可见。东晋陶渊明，"不为五斗米折腰"，弃官归田，"乃载衡宇……引壶觞以自酌，眄庭柯以怡颜，倚南窗以寄傲，审容膝之易安"。何其善也。

北宋的王禹偁，在京都任右拾遗，因直言被贬至湖北黄州。他不住县城，而是在郊外荒地用当地竹材造了竹楼二间。"远吞山光，平挹江濑，幽阒辽夐，不可具状"。他

"公退之暇，披鹤氅衣，戴华阳巾，手执《周易》一卷，焚香默坐，消遣世虑"。这又是何等的气概。在这里，竹楼也和其主人一样显出"铮铮骨气"，这就是善建筑。与之相反，隋炀帝杨广在东都洛阳造显仁宫（用奇材黑石、嘉木异草、珍禽奇兽），又在西都长安造仁寿宫（从长安到江都，设离宫四十余所），他的奢侈，带动了皇室及贵族，一时奢靡成风，乃至隋朝二世而亡，这是恶建筑的典型。

焦君回顾历史，横观今朝，大声疾呼，建筑师要以"善心"对待自己的设计。他对"善"设计的现代含义作了明晰的阐释。他认为，建筑中"善"的表现主要在于：

——"只是为人民"。他提出："对国对民有利就是善，对国对民不利就是恶。"他特别痛斥当今存在的那种"建筑形态五花八门，争洋气的，争新奇的，争华丽的，争高度的"那种"配合业主（还有地方官员）共同……满足一个欲望"的时尚风气，这使我们想到商纣王和隋炀帝的时代，不禁不寒而栗。

——"与自然合一"。他强调"道法自然"，认为自然有两层意义：一是大自然（生态保护），二是遵循自然规律。反对那种"人定胜天式的建设和土地的不合理使用，过多地损害了自然本身，必然造成环境灾害"。这种盲目的"发展观"，不但贻害后世，对当代人的健康发展也造成威胁，实是最大的"恶"。

——吸取中国优秀的文化传统。焦君对中国文化的传统精神进行了刻苦的钻研，提出了"场空间"等理论认识，很有创造性，具体体现在北京龙泉寺的设计中。实际上，如上所述：中国文化传统中有"善"也有"恶"，需要我们客观地分析，而不是用"革命"手段砸烂一切，也不是简单地抄袭复古，而是在今天的语境中批判性地应用。

焦君的善恶观，是深思熟虑的结果，我在阅读中深受启示，愿意继续学习他的观念，并祝他在建筑创作中进一步获得丰收。

2012年11月20日于北京

焦舰

刚刚完成了一个商务之旅，期间参观访问了两个世界闻名的生态城——瑞典的哈巴碧和阿联酋的马斯达尔。在因时差而早起的初冬的凌晨，在漫长的航行中，我在读这本《只是为了善——追寻中国建筑之魂》。

之前，父亲向家里人提起这本书的写作，家人多不理解。它像是思想实录，而不是通常的建筑师的论文或随笔集。我只是问他："这是你真心想的吗？是你真的想告诉我们的吗？"

对于我来说，这是衡量一个行为的很重要的标准。一个在生活中寻求真实信念的人，也许更痛苦，你的困惑和疑问往往会给自己带来伤害。人生的每个阶段都盼望着指路明灯，但答案其实就在你心里。每一次找到答案的时候，是多么大的人生欣喜。

父亲在这本书里写了他所相信的，也就是到了这个年纪，其人生领悟与职业思索的合一。他把几十年追索得到的这一感悟写了出来。他的"相信"基于佛法，更来自内心。他所说的"善"是人与天地和谐的生存方式，以及超越欲望的精神层面的坚持。

本人近几年常常参与一些关于"可持续"的讨论，很多人对"气候变暖"这个论点是非常不屑的，他们挂在嘴上贩卖，是因为要拿来做"生意"。整个温室效应与气候变暖这个事，我不知道能不能相信，基本上这是现代科学还说不清

的事。但至少我能感知在呼吸着肮脏的空气，在丑陋的混凝土的丛林中与人拥挤甚至争吵。我读到大量的报道，有关毁灭自然、人为灾难频起。至少，我相信，这一切不是人类的幸福，需要改变。

在北欧清晨的客房里，暖气只是温温的，真的有点冷，需要穿上毛衣、毛裤。天明出到户外，在精心保存的欧洲古老城市里，走路和骑自行车的人群行色匆匆地去上班。中午，和我们开完会的政府高官一路小跑去赶轻轨。以这几年的所见所闻，欧洲人看来是真的相信气候和环境问题的严峻，否则也不会如此节制自己。

早上电视里，欧盟会议，一个美国的记者不停地追问"欧洲绿党"的一位人士，大意是："嘿，老兄，我们开发页岩气了，足够再撑几十年没问题，你们还发展可再生能源干什么？"不知道欧洲人会用怎么样的行动应答，被逼无奈的节制可能会很狭小，连一点点的未雨绸缪都容不下。

梁漱溟的父亲在投湖前问儿子："你说，这个世界会好吗？"。在旅行的巴士上，我们也谈到这个话题，一个年轻一点的人跟我说："你要相信一定会好，因为天行健。"现在骄傲的人类，老天还管得了吗？后面那句话"君子当自强不息"，到底理解为对欲望的无限追逐，还是觉知和清醒的行动呢？

尽管先贤圣人们为人类几乎指了相同的方向，每个人都

还在短暂的生命中寻找自己的信念，自己内心真正认同的道路。人类自由意志的巨大力量不可轻视。布莱森的《万物简史》的最后一章，"一个星球、一次实验"，篇幅不大却触动人心。人类在一万年间无名的残暴，令作者写下这样一段话："如果你在打算委派哪种生物去照料我们这个寂寞宇宙中的生命……你不会选择人类来担当这一项工作。""我们不知道我们目前在做什么，也不知道我们目前的行动对将来有什么影响。我们知道的是，我们只拥有一个星球，只有一种生物具有改变她的命运的能力。"无可否定的，人类的历史是一连串的侥幸，也可以说是眷顾，"我们不仅享有存在的恩典，而且还享有独一无二的欣赏这种存在的能力，甚至还可以以多种多样的方式使其变得更加美好"。至少我们对自己的命运掌握了一定的权利，所以选择什么样的信念和什么样的道路非常重要。

这次行程，我们要去参观冰岛最大的地热发电厂。这是个有着几千万年历史的年轻的岛屿，我们驶过覆盖着白雪和苔藓的连绵至天边的火山岩，在目力所及的大地上别无他物。除了苔藓等低等植物，冰岛的其他物种都是人带来的，它自身是非常早期的地球环境。那么如果让这个岛屿自己去进化，过了几亿年也会出现生灵吗？同样的月亮、星星也会照着他们吧。我仿佛被时光机器抛到了几亿年前的地球。我是谁？我在哪里？我去向何方？此时彼时、此境他境，沧海桑田，本是无所谓的流转，"可持续"谈不上崇高，只是人类自我生存的必要条件。只有人类存在着，爱恨、是非、美丑、善恶，种种的对立与选择才能存在，而我们的选择代表着我们的智慧和尊严，反过来决定了我们生存的状态。

2012年11月15日于北京

建设的速度太快了，城市的扩充太快了，2012年10月28日凤凰网有一则报道：江西安义县自然村平均人口不到8人，有的村只剩1人，大片的村庄在消亡，这个时期如果我们忽视我们的传统文化，忽视我们的自然环境，那么我们的建设速度给我们带来的可能会是一种灾难。为此我们应当看一看我们的传统，看一看我们自古以来就已将生存与文化、自然捆绑在一起的传统文化。在建筑方面，今天对传统的继承如果还停留在形式的表层，或倒退历史重建过去，都已经不行了。

我们的传统文化存在于建筑中的本源是什么呢？也就是说中国建筑文化之魂是什么？

（1）中国人的生活需要一个和谐的自然场空间，并视自然场空间存在一个太极，这就将自然推崇到神圣的地位。

（2）具体到每一群人，或每户人，都需要一个和谐的小环境场空间，并视这个小场空间也存在小太极，而这个小太极和大太极是连通的，这就将专属小自然和大自然沟通了。

（3）众人认为自身也存在一个场，也有一个太极。

（4）自身场太极和自然场太极沟通，互动的方式传递着"力"，中国人视为"生命力"。

这是不是迷信呢，这个问题还不需回答，我们只要看中国人崇尚自然的重大意义就行了。天人合一在于此，和谐社会也在于此。

中国人的传统文化，不只是表层，人们接触到的东西，不是一条街、一座建筑、一件家具，而是儒、释、道本身的文化。现在我们不应当接触一下吗？

儒、释、道三家的终极目的，使人至圣、成佛、得道。而这一切都取决于"善"，是不是应该呢？中国人生存对自身、对他人、对环境要求的就是一个善，一切只是为了善，为了善而"明明德"，而"正大光明"，并为此制定了规则，形成秩序。这个秩序长期制约着建筑形式及其组织形式。传统上中国人做建筑不存在"自我"，也不需要自我，而只是按规则在排秩序。

人有善、恶，秩序也有善、恶。关心的、关爱的、不欺的秩序就是一种善的秩序。建筑的秩序有三种：

（1）"他爱"的秩序。在大秩序中不表现自我而表现出对他（它）者的爱，这就是一种"他爱"的秩序。

（2）"担当"的秩序。在大秩序中为整体需要而站出来担当一种功能或标识的责任，并与周围秩序协调。

（3）"邪恶"的秩序。破坏和谐秩序，只是为了自我表现，用哗众取宠的方式形成的秩序就是恶的秩序。

我们的建筑现在太需要秩序了，无序的城市空间，让我们已难睁开自己的双眼。在传统文化中除秩序外，还有一个次第。当然也可以说是一回事，可以说次第是一个更大层次的秩序。这里这样说是为了更明确秩序存在着级别，建筑自身存在的可以称为秩序，而建筑场空间存在的称之为次第。用次第强调了场空间的重要性。

我们现在继承古人与自然和谐的场空间，重视建筑的和谐之需，这些只是为了让人生活在平和的环境中，因为环境平和了，人心才能安定，而这一切只是为了善。

目　录

第一章 追寻中国建筑之魂

中国画 （焦毅强 临摹）

水彩画 （焦毅强 绘）

一、建筑设计中有我和无我

(一)有一种建筑设计方式是"无我"

1.建筑设计是个人的创作表现，其中"有我"

这个"我"就是建筑设计师自己。不同的建筑师是不同的"我"，创作出了很多不同的建筑。

常见到建筑师不断地翻阅资料，寻找自我然后完成设计。

接触一些建筑学院的学生，让我看老师指导完成的课程，他们如何由棉花团的形象或由爆米花的形象，或者其他物体的形象，演变成的建筑。建筑教学引导学生，启发灵感，从一种形式中生成"自我"。

按道理说，建筑设计就应当是建筑师的自我创作，这很正常。在建筑设计中建筑师的作用应当是很大的。建筑师爱自己的作品，控制自己的作品，甚至像对待自己的子女一样，建筑师全身心地投入才能生成一个好的建筑作品。建筑设计应当有想法，有理念，有自我。建筑设计工作就应当是提供建筑师创作表现的工作，就应鼓励个人的发挥、自我精神的再现。这是很正常的事。社会上许多名作都与著名建筑师紧密关联着。

建筑反映着建筑师的自我精神，建筑师为自己的设计作品自豪。建筑设计存在"自我"是很正常的。

2.建筑师的自我

在建筑上的表现常常还要体现业主的精神，业主的精神不体现，业主就不找你，建筑师就没工作了。建筑师和业主两个"自我"加起来，就将"自我"放得很大，过大就会出现问题。

当下建筑设计思想极其丰富多样，可说是流派众多。中国随着整个社会进入经济高速发展期，人们的设计思想不断地疯狂飞跃，建筑形态五花八门，争洋气的、争新奇的、争华丽的、争高度的。据说5年后的中国，将有超过1000座摩天大楼或超千米高度。建筑师配合业主共同在表现自我，用以满足一个欲望。种种本领加上十八般武艺全用上了，从城市到乡镇，我们想看到和不想看到的东西全出来了，甚至会看到一些设计名人、大师完成的一些奇怪的、让普通人难以接受的地标、城标建筑。

这些都是在表现自我，表现自我的追求，表现自我的喜爱。这些来自一种自我的欲望，有一种强烈的自我实现的目的，这个自我放得过大，就使得表现自我的这种设计方式看起来存在着问题。

3.还有一种设计方法是"无我"

在中国传统建筑中是找不到设计人的。请问长城是谁设计的？颐和园是谁设计的？北海是谁设计的？故宫是谁设计的？江南园林是谁设计的？山中古庙又是谁设计的？……这么多好的建筑是哪位建筑师自我的表现，是谁呢？多少年来专家学者苦心寻找，只找出了一个"样式雷"，不是吗？不要找了，中国建筑设计人根本就不存在，因为中国建筑从不关联个人，中国建筑生成从不需要受某个人个性思想的支配来自我表现，对中国建筑来讲这太小了。

中国建筑找不到设计者，有些书上说了我们封建统治者视建筑师为匠人，地位低下，不重视，不留名……这也错了。中国建筑要的是融天地自然，合于传统礼制。自然之大，文化之大，传统之大，相互运行生成的建筑怎能容下一个个人的自我表现呢，中国建筑是一个无我参与生成的建筑，但更是一个绝对大设计手笔的建筑。

(二)欲望放大了的自我

建筑设计中"有我"很正常，但这个"我"应当是有节制的，是正常的，一放大就会有问题。建筑设计中"我"的体现，是建筑师和业主的欲望体现，在中国社会做建筑还要加上一个政府，因为政府中的官员在其中作用会更重要，否则建筑就搞不成，政府官员要政绩，他要表现的自我那就大得无边界了。

建筑师、业主、官员三个"自我"加起来体现在建筑上就将中国的建筑和城镇发展引入了歧途。

人有善有恶，做事就有善有恶，建筑设计是不是也有善有恶呢？

人的欲望过度了，就会办出一些不合情理的事。

2012年10月10日的一则信息：

大自然的和谐1　水彩画　（焦毅强　绘）

　　"7203.33平方米！昨天天涯论坛及新浪微博有网友晒出，××市城管部门某领导及其家庭成员名下拥有21处房产的'个人名下房地产登记情况查询证明'，经记者从权威渠道查证，这份'查询证明'属实。粗略估算，被曝光的21处房产总价起码达4000万元，包括别墅、住宅、商铺、厂房、车位。"这就是一种欲望的放大。

　　在设计中宣扬追求财富，宣扬追求权势，还要压过别人，这都是一种欲望的放大。过度的开发毁灭了自然，畸形的城市使人难以生存，这就危害了我们，是不是可以说人在作恶，所以说，如果建筑设计形成的城镇的变化，对国对民有利的就是善，对国对民不利的就是恶。

　　在这里讨论这种"无我"的设计方式，同时节制一下"有我"的设计的过大欲望，就是想讨论一下如何将事情做好，这只是为了善。

　　2012年10月10日《法制晚报》有篇报道《北京东西城将严控新建住宅》：

　　"今天上午，市政协召开第四届文史论坛。市政协某委员表示本市不能将经济与城市发展建立在牺牲文化遗产之上，应有终止在二环以内修建新建筑的决心，要成规模、持续地重建原有风貌的北京城。规划部门回应，根据首都功能核心区发展目标，近期将严控包括东城西城在内的旧城区新建住宅开发项目，严控大型公建项目，严格限制医药、行政、办公、商业等大型服务设施的新建和扩建，结合城市功能疏散和旧城改造，积极引导旧城人口适度外迁。"这就是一种欲望的节制，这种自我节制就是善。

　　这几年，城市里房子越盖越多，标准越盖越高。商家追逐利润，商场竞相豪华。管理层欲显示权威，政府大楼力求气派。开发商们盖高楼都想争第一，还建造了大批没有花园的"花园"别墅。室内装潢几年变个样，各种昂贵的进口材料、高档家具、华丽吊灯、新款空调，像走马灯一样。没几年内外又彻底来一番改造。这样，许多未尽其用的、由人类向自然索取来的材料和物资就变成了建筑垃圾。在物质消费方面，我们似乎一夜间超越了西方国家几年的时间，却没有想到中国人口众多，是一个土地和资源都并不富裕的国家，我们绝不能走西方高能耗、高消费的城市发展道路。笛卡儿视自然为资源的集合体，可以无限索取为人类谋幸福，而不承认人类也是自然界中平等的一员。我们现在具有向自然索取的能力已经超过了自然为我们提供所求的能力。中国古代哲人对待建筑，不崇尚广厦巨制，不苛求永久，而是尊重自然的权利。

　　古人不在意物质之简朴而着眼于精神风范的追求不失为一种美德。

　　城市里盖房子，只管盖房子，大门口以外的环境既无人投资，建设程序上也没有条文规定该由谁来管，于是统统推给了城市。

　　片面追求经济发展的结果，使我们在城市化进程中缺乏理性而显得混乱无序。大片的良田林地被侵占，而填没河道水面、夷平山峦土阜的现象时有发生。人们痴迷于技术，而忽视了自然因素的存在价值。这种人定胜天式的建设和土地的不合理使用，过多地损害了自然本身，必然造成环境灾害。我们追求人的发展，不仅仅是人自身的发展，还应包括人与自然环境的和谐发展。古人云：乾坤父母，民胞物与。我们不仅要尊重天地，而且应该视民为同胞，视自然物种为朋友。用现在的话说，建筑是人类生存方式的主要物质形态，由建筑师来承担这一责任。我们是直接参与有关工作的，在观念上应该先于一般人。我们冀求能够用新的观念说服管理层和决策者，造成舆论，让大家都来正视并着手解决我们已经面临的环境问题。

(三)永不停止的发展和疯狂的欲望

现在社会马不停蹄的发展，强烈地刺激着人类的欲望。这种发展毁灭了文化，毁灭了自然。这种危机随着我国经济技术的发展也正在出现。

哲学家指出：从传统来说"技术在本质上是人摆在手中的一种东西"，可实际上随着高科技的发展形成了"技术在本质上是人靠自身力量控制不了的一种东西"。这点有些可怕，下面引用哲学家马丁·海德格尔与明报记者的一段对话（1966）：

明：为什么我们对技术要这样激动得不得了呢？

海：我不说激动，我说，我们还找不到适应技术的本质的道路。

明：人们却可十分天真地来对您讲话：还要控制什么？一切都运转起来了嘛。越来越多的电站建立起来，生产丰收了。人类在地球上由于高度技术化而得到了很好的供应。我们生活得很舒服，到底还要什么呢？

海：一切都运转起来了，这恰恰是令人不得安宁的事，运转起来并且这个运转起来总是进一步推动一个进一步的运转起来，而技术越来越把人从地球上脱离开来而且连根拔起。我不知道您是不是惊慌失措了。总之，当我而今看过从月球向地球的照片之后，我是惊慌失措了。我们根本不需要原子弹，现在人已经被连根拔起。我们现在只还有纯粹的技术关系。这已经不再是人今天生活于其上的地球了……现在正在出现的人被连根拔起的情况就是末日了……不管怎么说，就我所能弄清楚的情况来看，按照我们人类经验和历史，一切本质的和伟大的东西都只有从"人有个家"并且在一个传统中生了根中产生出来。

马丁·海德格尔指出，人类发展伴随着不断扩大，永不停止的欲望在被技术化了的时代，成为不可控制的危机的原动力。这种危机带来了整个自然环境的毁灭和全人类文化的丢失，这一点早已在世界上发达国家中出现了，并造成了恶果。这种危机正出现在我们身边。经济每年都要成百分比地递增，建设不可停顿。这些反映到建筑设计上，个人欲望对外的表达就生产了无数畸形的建筑。节制在设计中的自我欲望，努力做到在建筑设计中"无我"就成为重要的了。中国传统建筑的生成方式，建筑设计中"无我"的研究就很有必要。

大自然的和谐2　水彩画　（焦毅强　绘）

龙泉寺山门　水彩画　（焦毅强　绘）

二、调心先到龙泉寺

(一)进入古寺

五年前，我在清华大学建筑学院举办第二次个人画展，展出水彩画。巧遇几年前刚大学毕业就同我一起工作的漆山，他参加了天津保税区标志的全部设计工作，这个项目在纽约还获得一项国际奖。他现在正就读清华的博士。我们谈及了他正为龙泉寺做设计，希望我去看一看，就设计提些意见。

近来我一直在思索传统文化和传统建筑的本源问题。感到多少年来，人们谈到的、写出的和在现代建筑中应用的只停留在一些建筑的片段和表皮的一些符号，很少进行更深一层的研究。我在《中国建筑的双重体系》一书中对建筑外在形式的生成认为存在一个完整的思想体系在支配着，所以我讲双重体系，是说除了外在体系，还有一个更重要的内在体系。

中国人自己看不起自己文化的时间已经很多年了，近

龙泉寺古桥　水彩画　（焦毅强　绘）

代在清朝末期、北洋政府时期，外来势力侵入，中国国力不敌，中国文人开始指责，将罪过放在了传统文化上，但传统文化不是政治，不能直接用以治国，它是在治国之上的心性之法。中国面对当时的洋人，自己不行就是不行，反而责怪自己的文化，这真是很奇怪。

中国传统文化一批再批，到"文革"时期不但要常常批，还要踹上一只脚，永世不得翻身。

中国传统文化到了如此地步，使得我们研究中国传统建筑时就很难触及它。当中国老一辈的专家开始用现代方式分析考证中国传统建筑时，正值从五四运动以来的对中国传统文化的批判时期，正在全国打倒孔老二。这个时期不能也不敢深挖中国传统建筑的思想来源。

见到漆山我很高兴，我想接触一下寺庙的设计。我当即问设计寺庙怎么收设计费。漆山说：不收设计费，收设计费干什么？在龙泉寺工作的所有人都是不计报酬的义工。我感到新奇，社会上还有人不要钱。

在利益的驱使下，人心已经变得畸形，看人民网的一则报道《地铁一老人与女孩争吵后猝死》："上下班高峰时地铁站内拥挤，乘客之间发生小的磕碰摩擦很平常，但前日19点30分左右，北京地铁3号线与5号线四水桥站换乘车道内一老一少因拥挤发生争吵推搡，导致老人猝死。法学专家称，如果警方查明老人死亡确由吵架诱发，那么女孩可能涉嫌过失致人死亡并承担刑事责任。"所以这种事在目前已经不新奇了。

在漆山的陪同下，我来到龙泉寺。说是千年古刹，其实是凤凰岭下一个古庙。小庙前有一座古桥和几株巨大的银杏树。正值秋天，金黄树叶布满天空，古庙、古桥是辽代的，虽显沧桑，可也颇有情趣。庙的西北靠山，山下是植物，山上则多是裸露开裂的巨石，巨石在阳光照射下充满阳刚气。在这里结识了贤立和贤然两位法师。他们都是高学历且社会上已成功过的中青年，为求佛法，抛弃自己的一切进入佛门。初到寺里见到所有的僧人、居士个个满面欢喜且非常有礼。当时的第一感觉是没想到人世上还有这么个地方。寺里所有的人都在做义工，我就开始作为一名普通的义工为庙里工作。在工作中接触龙泉寺学诚大和尚。学诚是龙泉寺的方丈，也是福建莆田广化寺和陕西扶风法门寺的方丈。学诚大和尚还担任中国佛教协会副会长，中国佛学院副院长等职。常与学诚这样的高僧讨论龙泉寺的建筑受益匪浅，渐渐地进入了透过传统文化看建筑的境界。中国传统文化的中心是所谓儒、释、道三教。其中，儒、道是土生的思想主流，佛教是来自印度。而三教都是"生命的学问"，不是科学技术，而是道德宗教，重点落在人生的方向问题。几千年来中国的才智之士的全部聪明几乎都放在这方面。"生命的学问"讲人生的方向，是人类最切身的问题，中国人"生命的学问"的中心，就是心和性。

前面讲过哲学家马丁·海德格尔认为当前被技术化了的时代让人不得安宁。他说哲学将不能引起世界现状的任何直接变化……今天各种科学已经接受了迄今为止哲学的任务，占

学诚和尚　水彩画　（焦毅强　绘）

据哲学地位的将是控制论，但这不是什么哲学，而是一种思想，这种思想是一次和一个佛教和尚的谈话中谈到的"一种完全新的思想方法"（《只还有一个上帝能救渡我们——与〈明镜〉杂志记者的谈话》——马丁·海德格尔）。这种新思想并不是无所作为，而是我们的自身行动。这种行动是处于世界命运的对话中，思想的任务就是能够在它的限度之内帮助人们与技术的本质建立一种充分的关系。

哲学家马丁·海德格尔认为有朝一日一种"思想"的一些古老传统将在东方中国醒来，并帮助人能够与技术世界有一种自由的关系（只还有一个上帝能救渡我们——马丁·海德格尔）。中国的哲学家牟宗三在《中国哲学的特质》中谈到中国哲学的未来时指出：人类发展到今天，看来只有科学技术是不行了，中国人的心性学派上了用场。中国的文化生命、民族生命的正当出路是在活转"生命的学问"。进入佛门龙泉寺，接触大、小和尚，使我转换了一种思想来看问题、做事情。

（二）和尚要建寺，我要调心性

无论什么人，生活中总会遇到一些事情，常有困惑，常有苦痛，常有事理说不明。人生的追求、喜怒哀乐都需要调心。人类需要科学技术来提高物质生活，亦需要道德宗教来提高与安顿精神和心灵。这点谁也不能否定。虚云大和尚指出："自古立国皆议国教并化，政能治身而不能治心，惟教能治心。心为万物之本，本得其正，何心之不治？"随着我们国家对宗教政策的逐步宽松，寺庙开始兴旺。

这寺庙有真寺庙，有假寺庙。这和尚也有真和尚，有假和尚。目前旅游业很兴旺，为了旅游去挣钱的庙就是假庙，利用人们对宗教的信仰来挣钱，这钱就挣得很容易，这就是假庙，里面的和尚就是假和尚，现在假庙、假和尚大大多于真庙、真和尚，以至于找到真和尚很难。真和尚不会在有名的旅游景点，因为那么乱，而且人多，如何弘教，如何修行，而挣钱倒是个好地方。别看穿戴像和尚，心中无佛他就不是和尚。这假庙和假和尚欺骗了人心，对人的伤害就大了。要解决这问题，就需要真和尚，需要办正事的真和尚，需要千千万万的真和尚。学诚大和尚师从圆拙大和尚，圆拙大和尚又师从弘一大师，为正传之身，他任佛教协会副会长，是真和尚。真和

尚胸怀宽广，智慧通达，关注社会，心系众生，启迪人们尘封的正气与道心。真和尚要办学培养千万个真和尚。学诚大和尚说：现在建庙就是建学校。学诚大和尚要建庙，要建一个传统与现代兼容并包的正信佛教道场。建旅游庙做设计容易，只要建的形式像、形式吸引人、能卖票挣钱就行。建真庙就难了，真和尚要生活在里面，给真和尚做设计很难。

和尚发愿心建寺，没有他个人任何的目的。不需要个人任何层面的呈现，和尚建寺心中可说真是无我。和尚持无我之心建寺，这个"业主"的意图就没有，"业主"的意图没有，我要参与进去，这个建筑师还能有我吗？我去龙泉寺之前，很多建筑师按和尚的话说很难沟通，很难配合，都待不住就走了。我看明白了，我要想待住就要调整自己，就在这儿先调心吧。

调整心性，控制欲望，只是为了取得一个善心。调整心性只是为了善。心性调整了才能研究我们自己的传统文化，这个已经被我们抛弃了的文化。

三、精神和自然的合一是大圆满

（一）自然也是神创造的

我们生活中的世界是有规律的，先有了自然及其规律才有了我们。应当说我们早已适应这种规律，并且已认识到万物皆循自然的绝对圆满性和永恒必然性。凡是直接从自然产生出来的结果才是最圆满的，而那些需有多数间接才能产生出来的东西则是最不圆满的。人们感受到自然给予我们的是那些和谐和美好，以至于人们认为有神的存在，认为美好的东西是神给予的，自然也是神创造的。

不论任何时代或任何人民都有"神"这个名词。不过由于知识程度及要求的差异而被理解为种种意义。多数宗教家认为神存在于宇宙之外，而且是支配这个宇宙的伟大人物那样的东西。但是这种对神的想法是很幼稚的，这不仅和今天的科学知识相矛盾，即使在宗教上，我想这种神和我们人类之间也是不能在内心取得亲密一致的。但是也不能像今天走向极端的科学家那样，认为物质是唯一的实在，物力是宇宙的根本。如上

水彩画 （焦毅强　绘）

所述，在实在的根基里有精神的原理，这个原理就是神。

(二)自然的根基里存在精神的统一

"我们称为'自然'或'精神'的东西并不是完全不同类的两种实在。归根结底是由于对同一实在的看法不同而发生的区别。如果深刻地理解自然，就应当承认它的根基里存在着精神的统一，并且所谓完全的真正的精神必须是与自然合一的精神，也就是在宇宙中只存在着一个实在。而这个唯一的实在，一方面是无限的对立冲突，一方面又是无限的统一，用一句话来说，就是独立自在的无限的活动。我们称这个无限的活动的根本为'神'。所谓神绝不是超越这个实在以外的东西，实在的根基就是神。没有主观和客观的区别、精神与自然合一的东西就是神。"(《论神的实在性》——西田几多郎)

(三)从直接经验的事实上找到神

那么怎样才能够在我们的直接经验的事实上找到神的存在呢？在受到空间束缚的渺小的我们的胸怀中，也潜藏着无限的力量，也就是潜藏着无限的实在的统一力。由于我们有这种力量，所以能够在科学上探求宇宙的真理，能够在艺术上表达实在的真意，能够在自我的心底认识到构成世界的实在的根本，也就是能够捉摸到神的面目。人心的无限自在的活动就证明了神本身。柏姆所说的"用内向的眼看神"就是这个意思。在内心的直觉上来寻求神，被认为这是最深刻的关于神的知识。

那么神是以什么形状存在的呢？从一方面来看，有如库斯的尼古拉等人所说的那样，神是一切的否定，凡是能够知名肯定的东西，即能够捉摸的东西就不是神。如果能够指明而加以捉摸的东西，就是已经有限的，从而不能成为对宇宙进行统一的无限的作用。从这一点来看，神就是完全无。但是我们是否能说神单纯的就是无呢？决不能这样说。因为，构成实在的根基里有明显不动摇的统一作用在活动着，而实在确实是通过它成立的。例如三角形的各角的总和等于两个直角，这个道理在什么地方呢？虽然我们既看不到又听不到理这个东西，但是在这里不是无可争辩地存在着不可动摇的理吗？又如观赏一幅名画时，我们能够在它的整体上看到神的缥缈、灵气袭人的东

西，可是要从它的一物一景里找到所以然来，却是无论如何做不到的。神就是这些意义上的宇宙统一者和实在的根本。只是因为它经常是无的，所以它又是无处不有、无处不活动的。

"正如不懂得数理的人，无论怎样也不能从深远的数理得到任何知识，不懂得美的人，无论看怎样美妙的名画也不能使他受到任何感动一样，平凡而浅薄的人总认为神的存在似乎是空想，并且感到似乎没有任何意义，从而把宗教等看做是无用的。想认识真正的神的人，必须相应地锻炼自己，使自己具有能够认识神的眼光。这样的人便能作为直接经验的事实感到，在整个宇宙中有神的力量，像名画中的画家精神那样在活跃着，这就叫做'见神的事实'"(《论神的实在性》——西田几多郎)。

(四)中国人寻找的是与自然合一的精神

中国人自古以来一直追寻的是与自然合一的精神。认为在宇宙中只存在一个实在，这个实在就是"人法地，地法天，天法道，道法自然"。这个自然有两层意思，一个是大自然，另一个是自然而然的规律。要求人的无限思维活动要修行去合于这个自然的规律。中国传统风水理论的最大精华也在于其中含有神韵缥缈、灵气袭人的东西，欣赏古代建筑、古代名山水画都能感到这种东西，但又找不出所以然来。

这种合于自然的精神，现在已经很难找到了，人们从心底里已彻底否定了神，从行动上努力去控制自然，把握和扭转自然。这种现象反映在建筑上就是人们常看到的，不是建设而是毁坏我们家园的事情，就是我们身边的奇形怪状的建筑。"天人合一"的精神是合于自然又融于自然，是人的精神但又高于人类的精神，可以说是升入神的道路。

"升入神的道路，也就是进入自己。"这是雨果的话。"如要探寻神的深邃之处，必须深挖自己的精神。"这是圣维克托修道院的理查德所说的。

在挖出所有这些深藏之物时，已经没有了自我。在可以进入的地方既没有精神，也没有神，它的深度是可以测知的。禅说："三界无物，何处生心？四大皆空，何处见佛？道在汝前，道外无物。"抛弃"自我陶醉"，使酩酊者觉悟到更深处的真实的自我。

水彩画 （焦毅强 绘）

(五)古人建立自然、建筑与人品关系的例子

1.《永州韦使君新营记》　作者柳宗元　（焦毅强　书）

（1）在城郊或城中建造幽谷、悬崖和深池，竭尽民力也形不成自然生成的形态。

（2）永州建于九嶷山麓，奇石、泉水都被埋藏，是荒芜之地。韦公到来后，铲除荒草清除污泥后，泉水清澈。奇妙的景致显现出来。韦公先做的清理环境，让自然回归本色。

（3）韦公在整理好的环境中建造厅堂，所有景物无不与自然配合相辅，好似在新建的廊下展现美好的姿态。一切美景都将聚到城门里来。

（4）建成后人们称赞韦公，依自然状态获得了美景，抛弃丑恶的，保存美好的即是铲除残暴保护善良，树立廉政之风。所建的大堂就不是只为了观赏风景，而是使人从小知大的道理。

2. 《黄冈竹楼记》 作者王禹偁 （焦毅强 书）

(1) 建的是两间小竹楼，小竹楼的材料竹子当地很多，很便宜。

(2) 建的地点在城的西北角，那里矮墙倒塌且杂草丛生。

(3) 在小竹楼里夏听雨、冬听雪、弹琴咏诗，还适宜下棋、投壶。这里做什么呢？手持《易经》，焚香静坐，消除杂念，在修身。

(4) 一些名楼是蓄养乐妓舞女的地方，不是文人去的地方。

(5) 竹楼寿命不长，但经常修缮，竹楼就不会坏。

3. 《醉翁亭记》 作者欧阳修 （焦毅强 书）

（1）在山林美景中建的亭子，亭子是和尚建的，太守起的名字，叫醉翁亭。

（2）人们到这里来喝点酒就醉，太守年纪最大被称为醉翁。醉翁的兴趣不在酒，将内心寄寓在酒中。

（3）山中四季的景色不同因而乐趣无尽，这里人的感情全部融入山林中。

（4）在醉翁亭边的所有人都很快乐，参与其中的有一个太守。

（5）太守以他人的快乐为快乐，这个太守就是欧阳修。

范宽山水图　中国画　（焦毅强　临摹）

四、中国传统建筑生成的本源场空间

(一)法则

中国建筑的形成，不能理解为是被设计的，而是按一种规律法则生成的。自我的个性不在里面显现，也不能在里面显现，这法则有极大的庄严性、神秘性。人们不但不对这些法则有任何侵犯，而且还要努力地追寻这些法则。

1.道

"道"的本义为道路，具有一定方向的路叫做"道"，引申之，则为宇宙万物及人所必须遵循的轨道或规律，遂成为中国传统哲学的核心范畴。历代哲人申说而致颇多歧义，大致有《老子》之道与《周易》之道二类。

《老子》之"道"是"先天地生"的世界本原："有物混成，先天地生，寂兮寥兮，独立而不改，周行而不殆，可以为天下母，吾不知其名，字之下曰道，强为之名曰大。"世界生成的过程为："道生一，一生二，二生三，三生万物；万物负阴而抱阳，冲气以为和。"万物秩序是："人法地，地法天，天法道，道法自然。"（按：所谓"道法自然"之"自然"，非为自然界，而是自然如此的意思）老子的道，既是作用产生并决定世界万物的最高实在，却又以其宏伟神妙，为感官难以把握，语言无法描述，因而是："道可道，非常道；名可名，非常名。"

至于《周易》之"道"，指天地万物存在的规律特性。《系辞传》："形而上者谓之道，形而下者谓之器。"形而上者即是抽象的规律，形而下者即是具体的事物。《管子·内业》："不见其形，不闻其声，而序其成，谓之道。"这里的道，亦指万物生成的规律。

涉及人生哲学之"道"，《周易·说卦传》："立天之道曰阴与阳，立地之道曰柔与刚，立人之道曰仁与义。"孔子说："志于道，据于德，依于仁，游于艺。"（《论语·述而》）这里的道，盖指人生行为准则。对后世人伦社会影响极大的孔儒之道，既含有仁义礼制伦常观念，又有"中庸"之道、天人感应等世界观范畴。程朱之所谓"天理"，更将道德准则绝对化，而推崇为世界的最高本原，成了宋明以后维护社会等级秩序的重要理论支柱。

中国建筑严格地遵守着道。自古就有专门从"道"中寻找出指导建筑生成的法则的理论，这就是风水理论。

风水理论中有关"道"的取义，主要源自周易系统，重应用而轻玄思，更强调面对自然与社会，需要明了"道"的显示，认识之，把握之，顺应之，而创造良好的宅居环境，达到人生与自然、社会和谐共存的理想境界。当然，其中也非常重视尊天理、顺人伦的道德准则。

2.气

"气"是中国传统哲学中最重要的范畴之一，在历代哲人的理论思维中，其内涵外延不断被发展而变得非常宽泛，凡所有学术，也无不引申应用并各有不同取义。概略言之，"气"有如下一些基本含义。

气是指流动而无定形的物质存在，如水汽、云气、气味等，乃"气"的原意。

"气"由原义引申，被视为天地万物的最基本构成单位，"其细无内"，"其外无大"（《管子·心术》），充盈天地。无形的存在是气；气凝聚即为有质有形之物，并贯通其内外。如《庄子·外篇》："气变而有形，形变而有生。"《孟子·公孙丑》："其为气也，至大至刚，以直养而无害，则塞于天地之间。"

在哲理思维中，"气"被视为万物之源，即所谓"元气"。《老子》"万物负阴而抱阳，冲气以为和"，是说阴阳二气冲荡而化合成万物。王充《论衡·自然》亦言："天地合气，万物自生。"《鹖冠子·泰录》说："故天地成于元气，万物乘于天地。"何休《公羊传解诂》："元者，气也。无形以起，有形以分，造起天地，天地之始也。"元气可看作是天地未分以前的混沌统一体。

3.阴阳

古代哲人们注意到，天地与人世万物都有相反相成即对立统一的两面，恰如"阴"、"阳"之理，于是阴阳逐渐演变为中国传统哲学最核心的范畴之一，被用来探究世界本原及其变化机理。《老子》提出"万物负阴而抱阳，冲气以为和"，肯定了阴阳是万物所普遍具有的属性。《庄子》则更进一步，把阴阳视为万物本原，阴阳相互作用，于是乎产生万物："寇莫大于阴阳，无所逃于天地之间。"（《庚桑楚》）"至阴肃肃，至阳赫赫。肃肃出乎天，赫赫发乎地。两者交通成和，而物生焉。"（《田子方》）

在先哲们阐发《周易》而完成于先秦的《易传》中，阴阳作为哲学范畴，得到了空前系统的发挥而臻于成熟完善。《系辞传》提出："一阴一阳之谓道"把阴阳推崇为根本规律和最高原则，视阴阳为万事万物普遍存在的对立统一关系。

4.五行

作为传统哲学最古老也最中意的范畴之一——水火木金土，为五种自然的基本物质被视为构成万事万物的基本元素，并形成了"五行相胜"、"五行相生"，即五行生克关系的完整序列形态，将万物的生成及存在视为对立统一的有序运动。五行在风水理论中，也一向具有重要意义，如《堪·易知》说："凡一术之成立，必有所谓本源者。本源者何？即五行等是也。"五行在风水中的应用，盖称"山家五行"或"地理五行"。

5.八卦

道、气、阴阳、五行、八卦这五个方面中国传统的风水理论，制约着中国建筑的成因，这在现代社会搞建设能否起作用是我们应当关心的。

(二)方式

风水的主要内容一是气，二是形。"气"，实则是心理场。按风水师的方法，择基选址基本有几个步骤：觅龙、观砂、察水、点穴，把气从山上引下来，聚于穴。即"山气茂盛，直走近水，近水聚气，凝结为穴。"

1.觅龙

找祖山，山是气之源，是气生出的地方，即云起处，故古人多敬山，中国人爱石也多源于此。觅龙就是起气。

好：山紫色如盖，仓烟若浮，云蒸蔼蔼，时弥留，皮无，色泽油油，草丰繁茂，流泉，土香，石润。

不好：山形势崩伤，其气散绝谓之死。

2.观砂

气的运行中，强调气的连续性，气流即是心，现场气流不要受阻。气从祖山引出，应有左右砂山夹紧，控制气流方向而不会散。左右山称为龙虎山，气流即为龙脉。左右山的围合形成了一个容器，容纳"隐而难知"的气。砂山之前还有朝山，朝山及左右的砂山岩应直面朝向，无破碎。朝山与砂石的形不得与"气"冲突，应以共护卫区穴不得风吹，环抱有情，不逼不压，不折不窜。朝山两侧是罗城，以罗城再缠余气，以确保气不外溢。

场空间的太极

3.察水

祖山和场的合还不能说就是一个完美的场，必须有水的介入。没有水就将形成一个枯的气场，没有流动，阴阳缺位。水和气有着紧密的关系，没有水就没有云起，这水又不能冲了气，所以要流动着的小水。

4.点穴

确定穴的位置。中国人生存的空间的核心就是合乎风水格局的场，场空间是中国本源规律所形成的生存空间。

五、场空间的太极

(一)宋理学

通过宋理学看中国建筑中不能有自我。

雪山兰若图　中国画　（焦毅强　临摹）

宋理学认为万物存在有一个规则，我们应当了解这个规则，尊重它，体现它，不是体现自我，这就是太极的规则。

周敦颐说："无极而太极。太极动而生阳，动极而静，静而生阴。静及复动，一动一静，互有其根；分阴分阳，两仪立焉。"无极是无声无臭、无形象、无方所，指的是阴阳未分、万物未生之前的混沌状态。

朱熹认为，按太极规则组合起来的阴阳二气是宇宙的本原。太极，天地万物的根本，天地万物变化的枢纽。太极——就是天理，理与气是相互依存的一个事物的两个方面：

气——物质。

理——当然法则。

理是气和事物的结构规则。

天下未有无理之气，亦未有无气之理。既有理，便有气；既有气，则理又在乎气之中。

总天地万物之理的太极，自然也是在气之中。朱熹云："盖太极是理，形而上者；阴阳是气，形而下者。"

太极与气是两个概念，但并不是两个事物，就原始混沌的物质而言，它是阴阳之气；就气的结构规则而言，它是太极。因此，太极与气，理与气是同时存在的，本无先后之可言。就一事物所以成为该事物而言，理是本。理也者，行而上之道也，生物之本也，气也者，形而下之器也，生物之具……"以本体言之，则有是理，然后有是气。""此本无先后之可言，然必欲推其所从来，则须说先有是理。太极只在阴阳之中，非能离阴阳也。"

任何事物都由阴阳之气组成，由于气的结构规则，即理的不同，从而出现不同的事物。同样，任何事物的运动都是由阴阳二气的运动所造成，由于气的运动规则，即道的不同，从而出现不同的运动形式。

气是天然万物的种子。

"且如天地间，人物、草木、禽兽，其生也莫不有种，定不会无种子，白地生出一个物事，这个都是气。""五行虽是质，他又有五行之气做这物事方得。然确是阴阳之气，截做这五个，不是阴阳外另有五行。"

"天地之所以生物者，不过乎阴阳五行，而五行实一阴阳也……盖以阴阳五行而言，则木火皆阳，金水皆阴，而土无不在。"由于阴阳二气成分比例的组合形式的不同，即结构的不同，木火呈现出阳的特性，而火的阳性更强；金水呈现出阴的特性，而水的阴性更强；土则阴阳平和，不相上下。

自然界的万物都在遵守着这个规则。相通的规则万物又为什么不一样呢？宋理学提出"理一分殊"。

在宇宙生成的过程中，当阴阳二气散为百殊，凝聚成天地万物和人类时，太极这个阴阳二气的最完善的结构规则，也衍变为天地万物和人类的结构规则。天地万物和人类的结构规则一方面保存了太极这个最完善的结构规则的完整信息。另一方面又具有自己不同于它物的结构规则，从而使自己与其他事物区别开来。这两方面的结合就是"理一分殊"。

(二)宋理学在现代的意义

宋理学的这些分析在现代建筑设计中有什么意义呢？

首先它有着深刻的含义：

含义一，太极是万理的根源。"人有一太极，物物有一太极。周子所谓太极是天地人物万善至好的表德。"太极衍变成万理之后、这万理虽各不相同，但万物中都仍存在着一个完整的太极的信息，即最完善的结构规则的信息，这是一个如同"月印万川"的全息衍生过程。这个完整信息过程在人性中就是天地之性，是极好至善的。

含义二，天地万物各有自己结构规则，从而使万物具有不同的地位、功能和作用。"万物皆有此理，理皆同出一原，但所居之地位不同，则其理之用不一，如为君须仁，为臣须敬，为子须孝，为女须慈，物之各具此理，而物之各异其用。"如所屋，只是一个道理，有厅，有堂……万物都是太极之理衍发而来，且都有太极的完整信息。

(三)宋理学在建筑中的意义

(1)万物的规律有一个"理"和"气"，相互作用成为太极。中国传统建筑的存在也是"理"和"气"的存在，所以传统建筑最关心的还是场空间，也就是气场空间，提供了场空间才能有阴阳二气运动的场所。

(2)建筑中容阴阳的场空间，应当使阴阳二气协调运动。阴阳二气在场空间运动，其运行的需求形成了对建筑中提供的场的方位形态、大小等的具体要求。

(3)所有的建筑形态都应当有一个完整的太极信息，而不是某个人的具体要求，所以在中国建筑设计中，自我不能存在，只能存在太极这个完整信息，只有这样才是极好至善的。

(4)理是相同的。具体到不同的场，又有各自不同的结构规则，从而使万物具有不同的地位功能和作用，这就是"理一分殊"。"理一"又如何能"分殊"呢，是因为所居地位不同，则理之作用不一。

(5)物不同是因为地位不同。地位很重要，儒家的"君君、臣臣、父父、子子"就是地位不同。中国传统文化中秩序就很重要，按佛教讲就是"次第"，"次第"也很重要。

(6)综上分析，中国建筑的生成就有以下规律：

1)寻找和建立气场空间，即形成太极。

2)确定秩序，由秩序形成和谐空间。

3)太极的最小存在状态就是住宅，也就是院落，因而形成户户具有太极的联片四合院，并组成基本的城市格局。

4)太极的大小也有"秩序"和"次第"，比如皇宫、官府、民宅，形成了太极的等级不同。

5)中国建筑的生成不是由某个人决定的，而是受"太极"制约。

中国传统建筑的生成应当是首先舍弃自我，然后寻找并建立太极，最后形成和谐的秩序。这一切都是为了生存得更安全、美好，这就是为了善。

六、场空间中太极生成的是力

(一)中国建筑场空间中存在着"力"

近日，见学诚大和尚请教生命的本原问题。学诚大和尚开示：是力，是一种力，像种子一样可以生长的力。这里在建筑场空间中借用学诚大和尚"力"的含义。可以分析，可以看出古人从自然中寻找的生存的大环境中所具有的也是"力"。

中国人以太极的形态观念认识宇宙，宇宙的本体即是太极，即按太极规则组合起来的阴阳二气是宇宙的本原。

"大矣哉，阴阳之理也。经之阴者生化，物情之母也；阳者生化，物情之父也。作天地之祖，为孕育之尊，顺之则亨，逆之则否。"（《黄帝宅经》）

"天地之气，阴阳互根。山峙阴也，水流阳也，不可相离……外气与内气相合而成物，犹牝牡生育。故曰冲阳而阴，万物化生。"（《水龙经》）

"阴阳变化，自然之道也，循而穷之，虽山川诡异，莫能逃焉。"（《葬经翼》）

"盖以动静之理言，则水动为阳，山静为阴。以险易之理言，则坦夷为阳，崇峻为阴。以情势之理言，则开耸为阳，局缩为阴；抽袅为阳，硬滞为阴；面豁为阳，背负为阴。"（《葬经翼》）

"山水者，阴阳之气也。山有山之阴阳，水有水之阴阳。山者阴盛，水则阳盛。高山为阴，平地为阳。阳盛则喜乎阴，阴盛则欲乎阳。山水之静为阴，山水之动为阳。阳动则喜乎静，阴静则喜乎动。"（《青囊海角经》）

庄子说："泰初有无，无有，无名，一之所起。有一而未形物得以生谓之德。未形者有分。且然无间谓之命。留动而生物，物成生理谓之形。形体得神，各有仪则，谓之性。性修反德，德至同于初……是谓玄德。"就是说：宇宙最初只是无，它既无有也无名，是"一"所生起的地方。虽有，却无形，万物得之而后生，以此它也被称作"德"。这个无形者虽是一，却内含着分；虽内含着分，则又无间。人们常称为"命"。这一切流动起来，有形之物便出现了。有形之物因之是有所禀赋的，其禀赋又奇妙到各不相同，成为它们的"性"。物修其"性"可以回到"德"，"德"达到极顶，便又复归到泰初一样。这里所提到的"一"即是"力"，也就是说宇宙最初是无，但有"力"存在。前面所说的"命"也是力，这个"力"是在运作的力。力有运动，有力的动，有形之物便出现了。太极是气的静态的结构规则，道是动态的运动结构规则，一个是空间的结构规则，一个是时间的结构规则，这两个合起来生成的就是"力"。人们生存最终需要的是力。

"夫宅者，乃是阴阳之枢纽……是以阳不独王，以阴为得；阴不独王，以阳为得。亦如冬以温暖为德，夏以凉冷为

燕文贵　秋山琳宇图　中国画（焦毅强　临摹）

德，男以女为德，女以男为德之义……凡之阳宅即有阳气抱阴，阴者即有阴气抱阳……阴阳往来，即合天道自然，吉昌之象也"（《黄帝宅经》）。为什么是吉昌之象，因为有了力。

（二）中国人寻找和对应的就是这个力

中国人自古以来所离不开的场空间，就是需要一个太极能存在运作的空间，这就是中国人追求的生存环境，比如昆仑山体系的大环境，存在着一个和谐运动的太极，这实际上就是"力"。中国建筑必不可少的场空间（按宋理学"理一分殊"之说）均存在太极，也就是均存在着力。太极之内阴阳的互动产生力。中国人追求生活中的场环境，实际上是追求场空间的太极。空间的好坏（也就是风水的好坏）实际上指的是力的好坏，也就是说是何种力。中国人追求的是太极中和谐的力。我们常说古人绘画中存在魂，中国建筑中也存在着魂，这个魂就是力。太极中阴阳互动的目的就是产生力，这个力就是自然之魂，也就是场空间之魂。

我们现在从古建筑中寻找场空间存在的"力"已经很难了，不妨从中国古代山水画中去寻找。中国古人试图在山水画中表现出宇宙的和谐。中国古山水画中存在几个方面的信息：

(1) 完整的风水格局。

(2) 良好的场空间（即使太极存在的气场空间）。

(3) 云气、水气均为运动状态。

(4) 空灵深远。

总之，中国山水蕴涵着一种内在的力量，用这种感人的内在力量来表现有生命的自然。山水画家绘画的过程就是和自然中太极中的力一次和谐统一的过程，也可以视为加力的过程。我们看古代山水画家均为社会高人，他的画山水画不卖钱，不买名，名、利不是他们追求的，因为这太不重要了，他们需要的是增加，增加生的力。

"理一分殊"场空间存在着等级、次第的不同，可"理"是"一"即均含有太极，家的场空间同样存在着太极。还是根据"理一分殊"，人本身也存在太极，这就是家空间存在着的太极——力；人本也存在太极——力。人在家中需要的就是人与场之中的力的和谐圆满统一，只有这样才能增

加。太极中存在着阴阳两个对立面，一个统一体的两个对立面，蕴涵着他们的统一性，也蕴涵着他们的斗争性。一个统一体的两个对立面，又统一，又斗争，这就是运动。这种运动的结果产生"力"。《正蒙》的第一篇《太和中说》："太和所谓道，中涵浮沉，升降，动静，相感之性，是生絪缊，相荡，胜负，屈伸之始。"所谓"和并不是没有矛盾斗争，而是充满矛盾斗争"。

熊十力的《本体——宇宙论》中提出："生化的本性，无自空寂。其生也，本无生，其化也，本无化。因为生化的力用才起时即便谢灭，生化之妙好像电光的一闪一闪，是刹那刹那，新新而起，也就是刹那刹那，毕竟空，无所有。所以说生本无生，化本无化。然而无生之生，无化之化，欲是刹那刹那，新新而起，宛然相续流。"我认为熊十力这里指出的即是太极中阴阳的运动，这种运动的力被形容为新新而起。

按这种分析，中国人做建筑需要什么就很清楚了。中国建筑没有怪异的东西，没有张扬的东西，根本就没有具有个性的"自我"，需要的只是和谐的"场"，因为只有和谐的场才能加"力"。在这一点上和佛教形成了统一。人的自我修行就是一种增力。形态的变化是无常的，而这个力是永存的。人需要修行的目的就是要进入自我生命的最佳状态，人需要良好的居住空间是追求生存时空的最佳状态，人需要和谐于自然是追求群体生存的最佳状态。天人合一就在于此，它是力的合一。中国人对待宇宙从不是看，对自然从不是斗，而是合一，是力的合一，合一是中国人追求的最佳状态。

王守仁也有类似观点："经，常道也。其在于天谓之命，其赋于人谓之性，其主于身谓之心。心也，性也，命也，一也。通人物，达四海，塞天地，亘古今，无有乎弗具，无有乎弗同，无有乎或变者也，是常道也。其应乎感也，则为恻隐，为羞恶，为辞让，为是非。其见于事也，则为父子之亲，为君臣之义，为夫妻之别，为长幼之序，为朋友之信。是恻隐也，羞恶也，辞让也，是非也，是亲也，序也，别也，信也，皆所谓心也，性也，命也。"

意思是说：经，是不变的真理。在于天时就叫做"命"，给予人就叫做"性"，主宰人身时就叫做"心"。心、性、命，三者是一致的，遍及人类万物，通达四海之

内，充塞天地之间，贯穿古今，无所不在，无所不同，无所变化的就是永恒的真理。它反映在情感上，就是同情、怜悯、谦让、爱憎；它表现在事理上，就是父子之间的亲爱，君王之间的道义，夫妻之间的区别，长幼之间的次序，朋友之间的信誉，这所说的都是心、性、命。

七、传统园林中布局核心是体现宇宙和谐的太极

中国人认为自然本身是统一圆满的，万物皆循自然的绝对圆满性和永恒的必然性，这个道理在中国人心中十分明白。阴阳相合追求和谐的传统思想长期制约着中国人的园林建构，这一点在建筑史上有类似的论述。

仔细研究一下使无数西方人倾倒的中国园林的布局就会渐渐得出结论，仅仅说中国园林是"非对称的"、"非几何的"、"自由式布局"是不准确的，因为在无数的千变万化的中国园林布局中，明明是存在着一种奇妙的秩序，这种秩序绝非"自由"二字可以概括，这秩序明显较普通人习惯的几何秩序更高一个层次。

在苏州拙政园、无锡寄畅园等园林中，我们常常发现围绕水面的诸多建筑物轴线并不平行，常常略有扭转、互相顾盼。如将每个建筑物临水的正面的垂直平分线画出（权且称为法线），就会看到，所有的法线都指向一个大致确定的中心区域（不是一个点），每个建筑物即使再扭转一点，在一定的程度内，法线指向的相互关系并未变化，这就是在变换条件下保存不变的关系，是一种拓扑关系，不妨称为向心关系。与此相仿佛，如果我们把拙政园、留园等园中相邻的建筑物的长轴画出，也会看到，这些相邻的轴线在不断地以接近互相垂直为特征地改变着方向，这种互相否定、互为相反的趋势在对建筑物作平行移动时并不改变，因而这也是一种拓扑关系。在比较相邻要素的色彩、空间尺度等某些性质时都可找到这种互否关系。当解剖中国园林中的山与水的构成关系时尤为明显。

颐和园东门外那座牌坊上正反两面分别写着"涵虚"、"罨秀"，就是这种关系的写照。自然，这是与中国古代将风景称为"山水"的基本概念分不开的。

如果进一步对这些互相对立的各个部分再剖析，就会发现，每一部分都或多或少地包含着对立面的成分。例如北京北海南侧的团城与北侧的五龙亭都使用琉璃瓦。远远望去，团城承光殿为黄琉璃，五龙亭为绿琉璃，走近看，团城承光殿黄屋顶用绿琉璃镶了一圈（绿剪边），五龙亭则是绿琉璃黄剪边。又如颐和园的万寿山与昆明湖构成互否关系。万寿山东侧有一水院，叫谐趣园，昆明湖中则有一小岛，叫龙王庙。一为山中之水，一为水中之山。又如网师园，一半是水院，一半是旱院，但旱院（殿春簃庭院）西南却有一口泉，曰"冷泉"，水院中则有黄石假山一座，曰"云岗"。冷泉就是陆地中的水，云岗就是水中的陆地。这第三种拓扑关系可称为互含关系。当将这三种互不相同，也无法相互转换的关系尝试用图形统一起来时，也对其结果感到惊讶，因为这三种关系的最佳统一表达式竟是太极图，它形象地蕴涵了向心、互否、互含三种关系。再进一步我们甚至可以发现若干著名的园林其中包含人与自然统一的建筑哲理，这种不约而同的同构现象正好揭示了中华建筑文化的深层结构。它较之表面的具象的要素更具有生命力。

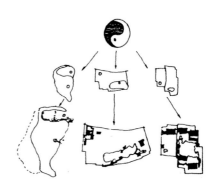

苏州园林分析图

八、中国民居建筑追求的是安宁

传统建筑中的特殊地方风格实质上是由地方建筑，主要是民居、民间建筑的共同特征所形成的。这些特征可以到民系、民居、民间建筑中去找寻。因为，建筑中的特色、特征寓于建筑实体，实体寓于类型，也就是要到与民众生活最密切相关的建筑类型中去找寻，即民居、庭园、祠堂、会馆、书斋等建筑。

在民居中，建筑不但具有共同特征、风貌，布局方式、环境，而且在居住模式上也存在共性。如南方村落和民居建筑中的祠宅合一形式，在潮州民居建筑中住宅、庭园、书斋相结合的布局方式等特征，就是明显的例子。

以居住方式而言，每个民系都有一种代表性的居住布局方式，也可以说是一种居住模式。如粤海民系的三间两廊式民居和梳式村落布局方式、闽海民系沿海地带的带厝式民居和密集式方形布局方式、客家民系聚居式民居和防御式围屋布局方式等，这些居住模式无论在满足当地民众的生产生活，适应当地的气候、地理等自然条件都是有效的，因而很有参考价值。共同的方言、习俗使得文化、技术得以互相传播和交流从而促进了各地民居建筑的形成和发展。民居建筑在技术上的共同做法和在艺术表现上的格调形成了民居建筑的地方特征和风格，可见民系、民居和地方特征的关系是非常密切的。

在传统居住建筑中，基本上都是住民自建的，至今也还是如此。曾问过一些家在农村的人，你家盖房子你想不想比别

民居 水彩画 （焦毅强 绘）

人家高、大呢，回答是不想。自建的民居决定权就在自己手里，但他不想变化，他不要变化，他要的是和全村住宅的和谐统一。互相之间不攀比，不超越生活空间很平静。中国民居从古至今都追求着整体的安宁。

九、传统建筑中的秩序

(一)儒家的礼是社会的秩序

礼有三本：

天地者，生之本也。

先祖者，类之本也。

君师者，治之本也。

故人们应当"礼上事天，下事地，尊先祖而隆恩师，是礼之本也"。

礼的秩序破坏了，社会就混乱，缺少了道德，失去了道德上的秩序，道德秩序的缺失出现的问题太多了。这种秩序即道德上缺失的秩序，不是我们这里讨论的。

"礼之用，和为贵，先王之道斯为美。"社会上的和谐是最美好的。秩序应存在于所有人和自然之中。自古以来，人们一直重视它，尊重它，人们视秩序是神圣的。

西方人也说，天创造万物，次序井然。那什么是秩序呢？当事物罗列在那里，经感受而呈现于人心，只要它们便于我们想象，且易于记忆，我们便称为秩序；反之，如果事物不便于想象，且难于记忆，则我们称为紊乱，或无秩序。为什么人们需要秩序呢？因为我们最容易想象的事物，每每最足以引起我们的快感，所以我们总是恶混乱而喜秩序。秩序在人类生存中是不能没有的。可是现在秩序慢慢地在我们身边丢失。原因在哪里呢？原因是放大了的欲望。整个社会放大了的欲望，互相超越、攀比、竞争，将秩序给抛弃了。建楼要超过别人，互争在世界排名的位置；形象上吸引眼球一定是奇特华丽的，通过建筑要看谁是天下最有钱的、最有实力的。这哪里还有秩序？！"鸟巢"是人生存空间的秩序吧，"大蛋"是天安门广场的秩序吧，不谈建筑的好坏，人们很清楚它们违反了

秩序。现在违反秩序的很多，太普遍了，我们的城市太混乱了，走在路上，两眼一看立刻心情烦躁，没有办法，我们只能在混乱面前闭上双眼。

(二)光明正大是秩序的根本

《大学》里的第一篇就是："君子之道，在明明德；在亲民，在止于至善。"中国文化自古以来所追求的圣人之道，做人之道，就是寻找并奉行光明正大的东西，并且做到尽善尽美的程度。光明正大的东西是我们古人要的，我们现代人能失去吗？睁开眼四周看一看吧，我们更得要。光明正大就是我们建立秩序的根本。中国传统建筑一直追求的就是光明正大，故宫的大殿上写的就是"正大光明"，《论语·里仁》："子曰：里仁为美，择不处仁，焉得知？"孔子说，环境对人心智行为的影响，是很深远的。所以，人的住所，必须注意选择有仁厚风俗的地方。这样，日久观摩成习，一切言行思想也就归于仁厚，而无形中就成为一个仁人君子了。如果选择的环境不好，必受其污染，这又怎能算是明智呢？这里的"里仁为美"就是光明正大的环境，古人居住环境秩序的最高准则，就是里仁为美。

中国传统的建筑秩序一切都崇尚着光明。没有奇形怪状、不合秩序的东西。光明正大就是中国传统建筑的根本法则。中国传统建筑从来都是堂堂正正的，具有的是堂堂正正君子之风。

这堂堂正正的君子之风也体现在对生存环境的需求中，中国传统山水绘画反映的也是这种意境，常说画如其人，看画见其心。将中国传统山水绘画和当代人一比，两个画家的心就可以看到了。从这种意义上说，也就是从堂堂正正来说，从正大光明来说，现在的山水画是没什么可取之处的。绘画如此，建筑、环境又何尝不是这样？我们现在的建筑和城市环境就相形见绌了，在这里只能呼唤正大光明。

(三)传统秩序的结构

天有天的位置，地有地的位置，这就是秩序的结构。天有三辰，地有五行，这就是天、地的结构秩序。天、地这种秩序维护的是正大光明。对天的要求是高明，对地的要求是博

厚，要求天、地久远要这样做。所以说，"博厚，所以载物也；高明，所以覆物也；悠远，所以成物也。"博厚的地，高明的天，悠久无疆。如此者，不见而章，不动而变，无为而成。天、地形成的这种秩序，为什么说是光明正大的秩序呢？因为它不是为己，是为他人，为整个人类。这种秩序存在着的只是善。

对国家的管理就是规范人的秩序，《论语•颜渊•齐景公问政》中齐景公问政于孔子，孔子对曰："君君，臣臣，父父，子子。公曰：善哉！信如君不君，臣不臣，父不父，子不子，虽有粟，吾得而食诸？"意思是说，政治就是要使大家各自严守各自的本分，善尽各自的职责。齐国当时的政治情况，大概是君不君，臣不臣，父不父，子不子，所以孔子才答复齐景公：做国君的要善尽为君的职分，为臣的要善尽为臣的职分，为父的要善尽为父的职分，为子的要善尽为子的职分。这样上下相安，各尽其责，政治自然就安定了。这段说的是古人的秩序。下面一段说的是组成秩序中各部分的关系。《论语•八佾篇•定公问君使臣》中定公问："君使臣，臣事君，如之何？"孔子对曰："君使臣以礼，臣事君以忠。"意思是说如果君臣之间相处得宜，必定上下和谐，政治亦必能安定圆满。而君臣要如何相处呢？孔子说：君虽在臣位之上，但对臣下应该待之以礼敬，臣事奉君上，就会善尽忠诚，竭智效力。

传统的秩序有一个光明的目标，为了这个目标确定各自的位置和结构形式，并遵守固定的行为守则，这种组合就形成了传统的秩序。

(四)中国传统建筑中的秩序

我们所接触到的中国传统建筑中的秩序是最清楚不过的了，一目了然。皇宫有皇宫的秩序，寺庙有寺庙的秩序，民居有民居的秩序，园林有园林的秩序，中国传统建筑可以说各有各的秩序，这种秩序的形成起因、组织形式、制式法则，很多地方都谈过。这里要分析的不是上述这些，而是从不同的建筑类别的秩序中寻找中国建筑生成的起因，也就是中国建筑中灵魂的东西。在这些不同建筑类别中我们看到其中大部分单体建筑形式、构造节点都是相似的，甚至是相同的。从建筑的单体来讲就那么几种，为什么那么长时间没有

变化呢？古人认为这些建筑单体已经合于光明正大的法则，是精选出来的，古人对它非常坚信，之后使其确定下来。在以后的具体建筑过程中就不用再考虑它了。古人确定一个项目，比如建一座住宅，他只是将已确定的建筑单体形成排列、组织，更准确地说是将这些确定的建筑单体纳入秩序。住宅中的项目设计就演变成秩序的排列，项目设计变成了秩序上的设计，而秩序上的设计并不需要一名建筑师，所有中国传统建筑都不需要建筑师。传统的设计是由主人、风水师、文人共同确定的一种秩序来完成的。

伏生授经图 中国画（焦毅强 临摹）

十、中国建筑之魂

(一)中国建筑之魂

中国建筑之魂在建筑设计层面最突出的只有二条:

(1)场空间。

(2)秩序。

整个建筑设计过程中没有建筑师,更没有建筑师的自我表现。

中国人生活中所需要的建筑都是要建立一个场空间,然后排列秩序。中国人这样做为什么呢?真正的目的,也就是其制约中国建筑成因的真正之魂是什么?这就是中国人的生活追求,即生下来就是要成为君子。不断地修身,调整改变自我,然后去做事情。这样做下去还有一个终极目标,那就是成佛、成圣或得道。由君子而成为圣人是中国人的终极目标,中国建筑的根本灵魂就在于此。

(二)为成君子而创立的道德体系形成建筑上的秩序

1.建立在生活层面的道德体系

人们的生活必须遵循一个共同的道德体系的制约,所以要建立生活层面的道德体系。

2.建立在精神追求方面的道德体系

中国传统文化共同树立了一套道德体系。为什么说是共同树立的呢?因为它是儒、释、道共同树立起来的,是三家共同的,这是一个尊崇正大光明的君子体系,有一套作君子完整的要求,并通过修行的方式实现它。儒家的十六字令:"人心惟危,道心惟微;惟精惟一,允执厥中。"就是要求君子永远保持中庸,只有这样才是君子。这是道德上的要求。为了实现道德上的要求并成为君子,这个君子就对自然、生活空间、家、使用的家具及各种器物有一系列的要求,即要求建筑的形象堂堂正正,体现的是光明正大的东西,按规矩形成基本体系,最重要的就是排秩序。

(三)为了人生终极目标而制定的太极中力的体系,形成建筑中的场空间

中国人的最高终极目标:成圣、成佛或得道,为此需要建立在太极层面的力的体系是儒、释、道三家共同建构。这个体系具有如下内容:

1.环境场太极

(1)中国人在自然中寻找一个围合场空间,为的是生有一个自然的太极。

(2)在建筑中建构一个场空间,组织生存环境中一系列场空间太极。

(3)在家中建构场空间形成各自家环境的太极,自然、家环境与家之间的太极是互相连通的,家环境的太极是有专属性的。

2.环境场太极生起了力

自然太极与家环境太极都因阴阳互动生起了力,这个力是相互传递的,形成的是一个力的体系。

3.人自身的太极也存在力

关于人自己的完整太极系统在中医行业中已有论述。说明人自身也存在太极,而人生命的关键是什么呢?是力,这种力也是阴阳二气在太极中运动生成的,这个力就是生命,简称"命力"。

4.命力要加持,也就是说命力要增力

增加人的命力是最重要的,比钱重要,比权重要,比一切都重要。人要增力,如同电器用品需要充电一样。如何充这个"电"呢?中国传统文化儒、释、道三家各有各的法门,但它们的作用都是一样的,就是加强自己的命力。如何才能加强自己的命力呢?一个方面就是自身的修行。外来佛教来到中国为什么一下子就被中国古人接受了呢?因为佛教对个人命力增加,认为其方式是很重要的,比中国本土儒、道两家的方法还要高明。还有一个方面,重要的是在环境场的太极沟通。

5.天太极的力与人太极的力合一

大自然中的太极生起的力就可比作一个巨大充电器,传递着这个太极生起的力与人身的太极生起的力连通。力的合一,天人的力合一了,那人的力就源源不断了,人的命力就变得很大很大。人的命力和天的命力就完全合一了,人就成了佛(神)了。

这种自然太极力与人太极力的合一体系,可以称为中国建筑的神之魂。

中国建筑之魂的终结点是:中国建筑的所有目的和构建形式是为了满足"生为君子,死为佛(神)"的终极目标。

（四）从唐代卢鸿所绘《草堂十志》中看古人对建筑的要求

卢鸿，范阳（今河北涿县）人，家住洛阳。玄宗开元六年（公元718年）征为谏议大夫，固辞不就。隐居嵩山，有草堂一所。这个卢鸿有官不做，他追求的是圣贤之道。平时的生活需要变得十分简朴，平时的生活就成为了修行。说卢鸿是画家那是现代人认为的，其实他的画一不卖钱，二不扬名，只是表达自己的心境。卢鸿在《草堂十志》中画的是自家院，表现了卢鸿本人建筑及环境的具体形象和互相之间的关系。画中表现了修行中的人与场空间自然的互动，可以视为是人与自然合一的过程。这幅画表现应当是"天人合一"吧。

草堂十志　中国画　（焦毅强　临摹）

第二章　凤凰岭下的龙泉寺

见行堂

一、了解佛教

(一)我们应当了解佛教

哲学家亚瑟·叔本华指出："从愿望到满足又到新的愿望这一不停的过程，如果辗转快，就叫做幸福，慢，就叫做痛苦。如果陷于停顿，那就表现为可怕的、使生命僵化的空虚无聊，表现为没有一定的对象。模糊无力的向往，表现为致命的苦闷。"我们在这里看到，人的幸福与痛苦来源于愿望和实现愿望的速度。如果这话反过来说，减慢速度的要求，那就是减少痛苦。如果去掉这个愿望，那就是无痛苦而充满幸福。再看愿望，欲望和野心，只是一个量的不同，质是一样的。所以减少欲望就可以增加幸福。

这里面的"愿望"是形成幸福和痛苦的起因，在佛教里说就是源起。佛教是最重视源起的。佛教讲，干事情是发什么心？什么目的？什么愿望？同样一件事情，源起不同，得到的自我幸福感就不同。人们做事情，有的人总是痛苦的，有的人总是快乐的，痛苦的可能是欲望太高了，所以要解除烦恼，才能得到快乐，而且重要的是完善人格。人格完善了欲望自然就减少了。

欲望是所有人都有的，痛苦也就是所有人都存在的。消除痛苦，哲学和科学都解决不了，消除痛苦还得靠佛教，佛教能够完善人格，解除痛苦。

所以我们应当了解佛教。佛教是一种信仰，是一种文化，也是一种教育。佛教是什么教育呢？它是生命的教育，是一种系统、完整的生命的教育。

(二)佛教是一种信仰

我们的教育可以分成四个部分。我们小的时候，在家父母家庭养育我们，家庭的教育，就是家教。之后，入学，从幼儿园、小学、中学，直至大学，这是学校的教育。大学毕业了，走向社会，社会对我们也是一种教育。第四种教育，有些人信仰了宗教，信仰了佛教，这就是宗教方面的教育。

宗教的产生开启了人类的文明。宗巴大师菩提道次第八大引导中提到学佛听法有六种想。"第一于己作病人想……

林木秋色　水彩画　（焦毅强　绘）

苦行释迦佛　中国画　（焦毅强　绘）

六祖慧能像　中国画　（焦毅强　绘）

所谓病者，非四大不调之痛，乃烦恼增盛之病，吾人流转三界，莫不由于贪嗔痴烦恼，故称病人，以听法者现具贪嗔痴三病毒，故四大不调之病，由内三毒盛故外感四大诸病，是故听者应于作病人想。第二于说法者应作医师想，善知识开示法

药，犹如医师随所有病而与其药。第三于说法者应作药想，以有斯病故，应以斯药而为对治。第四于如法修行作服药想，若有良医，处以妙药，若不服食，疾终不愈，修行亦然，如法行者，烦恼痊愈。第五于正洁作久住想，如有妙药则愿世间恒具

足之，病者得愈，佛法久住，可以疗众生烦恼病。第六于佛做大师想，唯佛能救一切众生，余所不能，是名六想。"学佛应发菩提心，所谓发菩提心，不求现世名闻利养、恭敬，不求人天福乐，不求声闻缘觉果证，唯为度一切众生而求佛。这是传统佛教的目的。下面再通过学诚大和尚2012年在第十五次中韩日佛教友好交流会议上的发言来了解现代佛教，现代佛教要弘扬现代文明。

"当代信息社会，电脑逐步取代人脑的趋势已经出现，人的智力优势以后可能不复存在，那么人心将是最宝贵的资源，其价值主要体现在革新文化和提升道德上，人类社会也将进入一个全新的发展阶段，这就是心文明。

……

心文明意味着一场人类自我的革旧图新，一次精神生命的脱胎换骨。笛卡儿说：'人总应力图战胜自己而非战胜命运，改变自己的欲望而非改变世界的秩序。'事实上，心的作用遍及于人力、人脑、人心三个时代而各有侧重。人力时代侧重于心力，人脑时代侧重于心智，人心时代则侧重于心性。梁启超云：'人类能改良或创造环境。拿什么去改良创造？就是他们的心力。'然而如果心力、心智受到烦恼的操控，则又会产生莫大的破坏作用。谭嗣同云：'此诸力者，皆能挽劫乎？不能也。此佛所谓生灭心也，不定聚也。自攘攘人，奇幻万变，流衍无穷，愈以造劫。吾哀夫世之所以有机械也，无一不缘此诸力而起。天赋人以美质，人假之以相斗，故才智愈大者，争亦愈大。'

……

冯友兰言：'理智无力，欲则无眼'，反之可知'理智有眼，欲则有力'。人的情感和欲望具有善恶的两面性，第一步应该通过培养正知见与如理思维，正确区分善欲与恶欲；更重要的第二步则是努力培养善欲以战胜恶欲。

……

佛教以心为首、以心为本，修习佛法是一个育心的完整过程，其具体步骤即是'闻→思→修'。闻、思，即是分辨心相善恶；修，即是培养内心的善法力量。

判断一个行为的善恶，不能仅看它的结果。评价一种现象是否有利于社会，也不能仅看它所带来的物质利益。人的一

切行为最初无不发自于心，最终无不反馈于心。"

(三)现代佛教的现实意义

人类社会最早出现的是宗教，其中佛教是最主要的一种。哲学和自然科学的初始都是在其下，同时也是在其中的。哲学和自然科学的发展渐渐独立，而后科学技术飞速发展，这种发展甚至盖过了哲学。自然科学本来是在哲学之中的，现在科学技术的发展失去了控制，哲学已经对其不能控制了。科学技术的这种发展的失控给人带来利益的同时，也带来了灾难。科学技术的强大给人带来的灾难发展到今日已成为可以毁灭人类的事情了。这种危险哲学管不了，所以有些哲学家认为哲学已经死亡了，人类唯一的希望寄托在具有佛教意义的思想。

理解佛教的精神可以有效地控制住人们放纵的欲望，能够使人们关爱自然、关爱文化、关爱他人，为此目的，现在兴起一种现代佛教。这种现代佛教的兴起只是为了善。作个简单的比喻，宗教是爷爷，哲学是儿子，科学是孙子，现在这个孙子，祖宗也不要了，家园也不要了，只求自己玩得高兴，这种情况孩子他爹管不了了，只有找爷爷了。

二、体验佛教

(一)加入到义工团队，参加寺庙建设

佛教文化和儒道文化一样都是"修"的文化，不是知识，不是科技，看一看，就掌握了。修就是修身也，就是调心。重要的不只是了解，而是去做。修行，修的就是"行"字。中国人认为文化的最高境界就是修行文化。佛教就是修行，修行是一个很漫长的过程，需要很长很长的时间。

按学诚大和尚的教育方法学佛先从学儒开始，学儒先学做人。龙泉寺有很多义工学做人，干了很多很脏很累很苦的活，但是大家都很高兴，越干越有劲，越干越快乐。工作中能够净化我们身心的烦恼。

"世间做事情，从事职业的目的是为了让你和你的家人

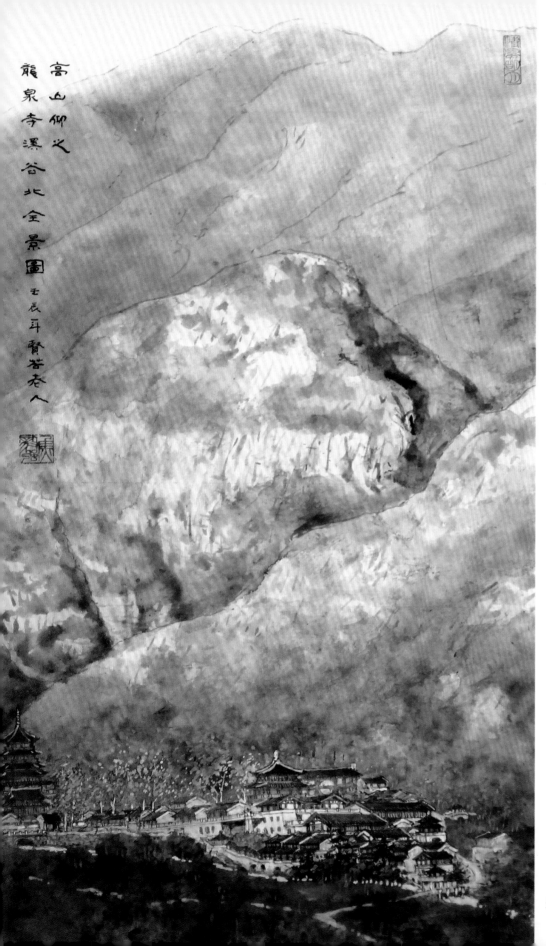

高山仰之

龙泉寺溪谷北全景图

壬辰斗瞽苍老人

生活过得好一点。你职业干得好一点，或许能做出一番事业。这仅仅是要求激发你自己聪明才智的潜能，把内在的潜能发挥出来而已。你这种潜能发挥出来，到底是对社会、对他人、对自己是有利还是有害，就说不清楚了。佛法则不一样，佛法一方面要引导我们把自己生命的潜能淋漓尽致地发挥出来，同时对自己、对大家又能够有利，能够让自己、让大家在当下、在现在、在未来，在更长远的未来，都能够幸福快乐，这样做事情的出发点和目的是大大不一样的。"（引自《感悟人生》——学诚大和尚）

寺庙的管理方式是一个方丈带领四个书记。这种书记管理体制很早就有了，可比喻为一个佛带领四大菩萨。四个书记各管一个方面。龙泉寺建庙设立了一个工程部，包括管理、设计、施工、材料等所有的一切。工程部由贤立法师主管，贤然法师协管。他们都是很重要的法师，贤立法师还是一名书记，年龄在四十岁左右，学历很高，都是名校的，本来都是学自然科学的，讲起现代科学来头头是道，还精通外语。他们亲近佛教，接触到学诚大和尚后深思社会人生，立大志，丢弃自我，出家当了和尚。龙泉寺的和尚有几个特点，一个是年轻化，一个是高知化。和尚绝大多数都是名校的高材生。这些人想明白了，就立志出家了。他们想干的是利他人利社会的事，他们出家了，他们要行善，要行善这很不容易，我很佩服他们。现在社会上这种人太少了。我加入到工程部和他们在一起，我和他们相比就差多了，但我们加入其中很快活。工程部有很多人，介绍我到龙泉寺来的漆山就是其中的一个，我来后他到南方帮助去建其他寺庙去了。

工程部，有各种各样的人，一些人接近

远望龙泉寺 中国画 （焦毅强 绘）

七十岁了，还有一些二十出头的大学生，主要还是一些中年人，但龙泉寺工程部可不缺人才，研究生、博士生、工程师、建筑师、监理师……都有，因为是义工，人员不固定，有时间就来。有很多老板，将公司请别人代管，其本人则长期在龙泉寺做义工，帮助建庙。本来在设计院的义工也不少，按他们的水平年薪二三十万应当没问题，可整天在寺庙里画施工图，一分钱也没有，干的还很高兴。这些人在贤立法师的带领下共同工作。

工程部环境比较艰苦，在一个小三开间的古建里，冬天很冷。人们在这里工作得很艰苦，和尚们就更艰苦了，但和尚们发过愿，所以不怕艰苦。

(二)继承传统寺庙的精华

历史上寺庙占着名山建筑的绝大多数，其中不少乃是全国性甚至国际性的宗教活动中心或某些宗派的祖庭。作为宗教建筑，它们在宗教界占着重要的地位。

由于汉文化传统的影响和儒家思想的主导地位，外来的佛教在汉化的过程中逐渐本土化和世俗化。在这种情况下，宗教建筑与世俗建筑就没有根本的差异，佛教建筑更多地追求人间的需求，如赏心悦目、恬适宁静，中国本土建筑的理念已全盘接受。注重寺庙建筑与自然环境的关系，寺庙的建筑追求的是融入人间。山岳地形复杂多变，在具有三维度庞大体量的大自然环境之中又蕴涵着从极开旷到极幽奥的许许多多局部自然环境。寺观的建筑非常重视基址选择，务求其与山岳大环境相协调，与局部自然环境彼此融糅、渗透，表现一种"天人和谐"，人亲和于大自然的意向。它们在山岳的大环境中创造出一个个宗教小环境。建筑本身的营构则因山就势，充分利用传统木框架结构的灵活性，以群体的横向展开和沿坡势的纵向布置来顺应基址的复杂地形条件，创造"台地院"的布局。台地院的一系列不同高程、不同气氛的庭院空间之间，更由于廊道、台阶、挡土墙等的联系而出现许多过渡性的次要空间，形成既有竖向交错，又有横向穿插的空间复合体，犹如一曲"空间交响乐"把中国建筑的院落布局、空间构图的技艺发挥到了极致。寺庙，除少数"敕建"者外，绝大多数均为民间兴建。因宗教地位和经济条件

而异其规格，但在建筑形象上都表现出鲜明的地方风格。有些名山的寺观甚至集中了当地建筑技术、用材、色彩、质地、细部和装修的精华，着上极浓重的乡土色彩。宗教建筑的乡土化，也反映了它的世俗化程度之深刻。

继承传统寺庙的精华，用到现今寺庙建设上。寺庙有三种：一种在闹市，和尚在里面为了弘法，也就是宣传、普及佛教。一种在深山，和尚在里面吸纳天地之气静修。还有一种就和龙泉寺一样，位于界上，就是深山和闹市的界，和尚在里面既静修，又弘法。

静修重要，这是调整心性的很重要的方式。弘法也重要，这是将善传播出去的方式。无论静修和弘法都要自身参与。龙泉寺的寺庙建设就是和尚弘法和修行的一个场地，即道场。

(三)按学诚大和尚的要求建庙

学诚大和尚在龙泉寺要弘扬的是现代佛教，使佛教成为人间佛教并和现代社会接轨。他在佛教建设上提出：学院丛林化，丛林学院化，学修一体化，管理科学化。

工程部的工作相当重要，要发大愿心，因为要做的工作是为弘扬现代佛教提供一个大道场。这个道场既是传统的，也是现代的，更是现代佛教的。

学诚大和尚一再提出要注重继承寺庙建筑的传统，同时一定要满足佛教现代化的要求。在龙泉寺工地上，有一次学诚大和尚与我谈起中国当今寺庙建设存在的几种情况：一种是突出一个政府官员和设计者自己理解的佛教，抓住一个形式，放大形成一个形象吸引人的眼球。这种建筑表现得很强势，这种形象让人看了心都不得安宁，可它很吸引人。学诚大和尚说这种寺庙的建筑形式不适应当前的佛教需要，但它能满足旅游的需要，可以说它是个旅游庙。另一种是一些专家、学者进行的寺庙建设，基于对古建的研究，从恢复古建入手，真实地复制古建的方式建寺庙，就没有考虑到佛教的使用，所以不能适应现代佛教的需要，可它满足学术要求，所以说它是个学术庙。

学诚大和尚说龙泉寺的建筑形式最合适，它集成了寺庙建筑的传统，同时更注重佛教活动现代化的使用。

学诚大和尚提出的"学院丛林化，丛林学院化，学修一体

化，管理科学化"是建寺的原则。可以理解为源于自然、隐于自然中的寺庙是一个以学院方式存在的建筑群。它满足和尚学习和修行的两种要求，这两种要求应当是融合在一起，不可分的活动。这种学修活动实行的是现代化的科学发展管理方式，一切现代科学手段都可以应用。按以上理解学诚大和尚对寺庙建设的要求，就很具体，是有规可循的。

三、古寺里的三套院

(一)对我的教育启蒙

我本来与佛教没有接触，谈不上信不信佛。以前有信佛的同学向我谈起过佛教，当时我还很奇怪清华大学毕业的学生怎么能信佛，当时认为佛教就是我们在旅游景点看到的烧香磕头。

因漆山之约，我第一次来到龙泉寺，将与和尚见面讨论见行堂的建设问题，见面时间在下午，上午漆山带我在寺里转一转，对我进行了不少启蒙教育。

进山门，龙泉寺的山门是一个很小的建筑，门很低，进门时不低头就会撞上。因此所有的人进门都要低下头。山门很旧，有些墙皮都脱落了，房里的地面不太平整，这些应当是建筑上的问题，解决起来很容易。为什么不解决呢，原来这里有学问：进庙门就应当先低下头，低下头为的是生起一颗谦卑的心，只有有了谦卑的心才能接受佛的教育。头低不下来，庙门最好不要进。

进了山门，出现了两棵长满金黄叶子的高大银杏树，银杏树有千年了，银杏树下是一座古石桥，这座桥也千年了，是辽代的，虽是千年古桥，可现在还在使用。进寺的人必须过这座石桥。这座石桥千年来一直渡着进来的人，而两棵古银杏树就是千年的佛门护法。金龙桥的北面是天王殿，供奉着弥勒佛和四大天王。

龙泉寺山门　中国画　(焦毅强　绘)

山 门

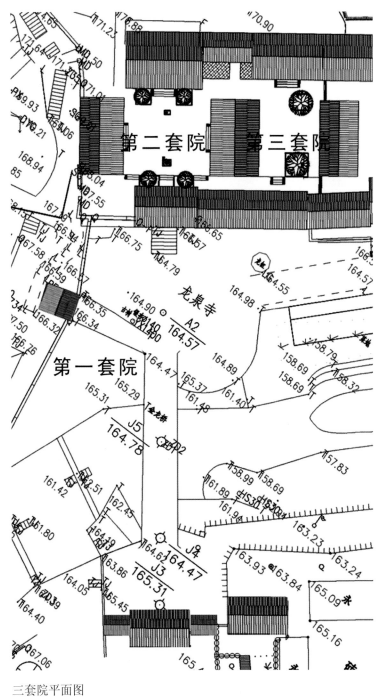

三套院平面图

龙泉寺第一套院 中国画（焦毅强 绘）

(二)古寺里的三套院

1.山门的第一个围合院落

山门、金龙桥、银杏树、天王殿围合成第一个次第的院落，院落充满了生气，充满了欢喜，银杏树下支起了黄布帐，帐内帐外全是居士，全是护法的义工，只要你一进入寺的山门，迎上来的就是满面欢喜的义工，送给你的是双手合十的问候，恭敬中带着欢喜，将这个寺里的气氛一下子改变了，人与人一下子拉近了。现在社会还有这个地方，还有这样人与人的真诚亲近的美景，不一样，这里和外面不一样。

2.天王殿内的第二个围合院

天王殿北是大殿，供奉着三世佛，东配殿供奉着观音菩萨，西配殿供奉着地藏菩萨。三个殿都很小，院子也很小。这个院是个拜佛的院，人们排着队很虔敬地拜佛，这里拜佛和其他的寺不一样，香火不用买，一人三炷香，是自取的，有和尚在旁边指导如何拜这个佛，拜佛原是拜的自己心里的"佛"，有什么愿想好了求佛，求哪个佛呢？求心里的佛。这里由大殿、东西配殿与天王殿围合的第二套院虽小，起的作用却很大，在这个院里让人的心一下子静下来。想一想自己，想一想他人，开始调整自己。

3.观音殿东侧的第三套院

这第三套院北是接待的房间，东是客堂，是居士挂单的地方，西就是观音殿，南是接待会议室。这个院子较为安静，中间一侧有棵古树。在第二套院供过佛的人要想进一步接触佛就得留下来住几天。这个院就是为此设的接待客人的院。

(三)过堂

在寺里吃饭就叫过堂。这吃饭在寺里有很多规矩。居士吃饭的房子是一个简易房——旁边有一座三层灰色的房子，漆山帮助新建的，解决居士活动和住宿急需的房子。进屋前，漆山告诉我吃饭的很多规矩。如：吃饭时要感恩，吃饭时不能出声，一切要用手势。漆山告诉我一些简单的手势，吃这个饭也就是用斋，让人很感动。

(1)吃饭时要感恩。这事太应该了，人们现在感恩的人几乎没了，好像一切都是别人欠你的，你不欠别人的，在这里吃饭要感恩。在生活中我们要感恩的人太多了，第一是父母、师长、兄弟、姐妹、朋友，同时，整个社会我们要感恩的人太多了。

(2)吃饭有规矩。人在生活中应当有规矩，吃这个斋饭让我看到了规矩，这个规矩不只佛教有，中国传统文化中都有。我在美国的马里兰大学图书馆中的一本书《常礼守要》中看到了中国传统的规矩，没有想到古人生活中的规矩制定得那么具体，可这些规矩现在全没有了。马里兰大学图书馆书中的这些规矩我用毛笔一字一字抄了下来，带了回来，我想太应该恢复这些规矩了。

(3)大锅菜和南瓜汤。斋饭吃的是大锅菜和南瓜汤，主食是米饭和馒头，需要什么，把碗放在外面就行了，吃这个饭不由得让人想起红军歌曲："小米饭那个南瓜汤"，小米饭、南瓜汤现在在龙泉寺吃到了。吃的人全是义工，什么是义工？义工就是白干，不要钱。

四、见行堂和第四套院

(一)以建筑师的身份看"见行堂"

见到管基建的贤立法师与贤然法师，我不客气地提出了对正在建设中的见行堂的意见。见行堂平面为转角形，3层在地上还有一层两个边在地上，两个边在地下，建筑共4层。见行堂建在客厅的东边，与原有的几座古建围合了第四套院，院子比前三套大了一倍多。二层也就是在第四套院的地下层搞活动的大空间，叫"见行堂"。转角的东侧是"五观堂"，"五观堂"也就是和尚吃饭的地方。下面一层是居士用斋的地方。"见行堂"的二、三层是接待用房及和尚住的地方，学诚大和尚住在三层，见行堂除了搞大活动，基本上是和尚活动的地方。

我从建筑师职业的角度提出了三条意见：

(1)见行堂与古建围合的第四套院与前三套比，显得见行堂体量过大，有压倒的趋势。

(2)见行堂中从事佛事活动的房间在二层，上面还有两层，安置佛像的位置最好后移，房间向北扩，显得更合适些。

(3)三层的接待厅房间应尽量后退，显得开敞些。入口的

第二套院

第二套院　中国画　（焦毅强　绘）

见行堂　中国画　（焦毅强　绘）

斋堂

对面窗改为圆形，成为对景。

还有其他一些，比如室外大台阶的调整，开展佛事活动的见行堂入口处理，增加细部，改善建筑的尺度等。

（二）和尚看"见行堂"

要讲和尚如何看"见行堂"，还得从和尚们最初来到这个地方开始。学诚大和尚从福建进京弘扬佛法，几经周折来到凤凰岭，当时这个古寺已不是古寺，几间破房而已。他领着几个和尚，历经艰辛，先恢复了古庙，古庙是几间很小的建筑，搞不了什么活动，那时很多活动都是在室外的，现在建"见行堂"，对它的希望很大，很多活动都需要放在里面的，房间要够用就得加大体量。看来和尚们看"见行堂"就是一个"用"。还有一则：那就是要提气，提起龙泉

寺的和尚和居士们的气，"见行堂"为此目的建得高，且在端头上做了一个方攒尖的四坡顶，这个方攒尖的四坡顶远远望去很是醒目，成了龙泉寺远望的标识。"见行堂"解决了四五百人开展活动的场所，解决了用于接待、会议的场所；解决了和尚们吃住的场所；解决了居士吃住的场所。龙泉寺初期活动基本上都解决了。"见行堂"从建成后至今一直是龙泉寺活动的主要场所。

（三）和尚建寺就是修行

在龙泉寺参与工作的建筑师不少，很多人不能适应这里的工作方式，和尚修行有各种法门，工作也是修行，这个"见行堂"从字面上看就是要行。去行、去体验才能领悟，在这里学习佛法和建寺的工作是结合在一起的。一般来讲建房

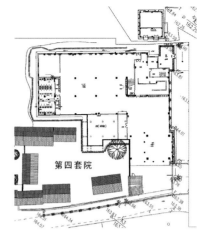

第四套院平面

见行堂的第四套院1

见行堂的第四套院2

子，建筑师先有个图纸，有个设计，建筑师费尽心血，想出很多办法，在图纸上反映出来。建筑师非常认真，可到了和尚手里，有的地方就改了，这一改，建筑师们就想不通了。有的建筑师说："我设计的建筑如同我的儿子。"有的建筑师说："你们随便改我就不干了。"能同和尚一起长期合作的建筑师就越来越少了。从和尚的角度来说，和尚建寺是为了使用，这一点和常人一样，可和尚就是修行，这一点和常人又不一

样了。和尚在建寺中要修行，和尚参与的不只是行动，还有思想，和尚也在想设计，虽然没有画出，实际上也参与设计了，所以说和尚有想法，而且其想法要在建寺工程中实现。

建筑师的想法、和尚的想法结合在一起就有冲突，有矛盾。那谁让步呢？这就要看是什么问题，这要看怎么运作。

我们看传统的寺庙都有各自的特性，这个各自的特性从哪里来？从和尚各有不同而来。传统的寺庙常有常人看来

第四套院2

第四套院的大平台

接待厅

小会议室

禅堂

讲佛堂

从见行堂下望第四套院

不合规制的地方，按常规应当有的它没有，按常规没有的它却有。有的地方还感觉有错误……这些所谓的不合规制的地方，又常常会成为这个寺庙的特性，这个又叫做"拙"，"拙"反而是一种更大的美。寺庙建筑存在各自的特性，这个特性是在其他传统建筑中找不到的，人们反而觉得新鲜，就会觉得更有看头，有的还会结合一些说法，成为一个景点。

在龙泉寺做设计的建筑师，这一点一定要清楚，这种传统方式一定要继承，这种方式是传统寺庙的最根本的方式，那就是和尚建寺就是修行。

五、龙泉寺的设计中不能有"我"

(一)不执著

举一个例子：释迦牟尼诞生时，一手指天，一手指地，说："天上地下，唯我独尊。"禅宗云门派的开山祖师云门文偃对此评论说："我当时若见，一棒打死与狗子吃，却贵图天下太平。"一位禅宗大家追随云门说："这正是云门将其全身心奉献于世的态度，它对佛的感激之情是无法言说的。"

禅寺中的佛、菩萨、诸天师和其他佛像，只是木制、石制或金属的塑像，就如同我们庭院中的山茶花、杜鹃花和石灯笼似的。让禅来说的话，只要愿意，就参拜正盛开着的山茶花好了，因为这样做就等于参拜佛教诸神。

禅是佛教，然而景点和论释中展示的佛教徒的教训，在禅看来，不过是为拂去知识上的灰尘而说的废话。但不能因此就认为禅是虚无主义。一切虚无主义都是自我破坏，不具有任何目标。否定主义作为方法尽管是健全的，但心里的最高层次却在肯定。当谈论禅中没有哲学，禅否定任何权威交易，认为一切所谓圣典都毫无价值时，不能忘记，在禅的这种否定行为中提示着某种完全积极、永久肯定的东西。否定和肯定都不是禅所关心的。一物被否定时，在它的否定中也就包含着某种不能被否定的东西，肯定亦是如此。如果说禅要强调什么的话，那就是不要受任何拘束，脱离一切非自然的妨害，在禅中没有将意念集中于上的对象。它是在空中飘浮的云，留不

住，捉不着，只是随心所欲地流动。禅是人的精神，信奉人的内在的纯洁与善。我其实并不理解禅。我与和尚在一起我也不能真正理解和尚。

在龙泉寺设计中不执著就行了。

(二)一切都可以存在

为"见行堂"的建设提了一些意见，有按这意见办的，也有不按这意见办的，有的建筑师就认这个死理，在我看来都行，一切都可以存在。那不是不负责任吗？不是，后面还有一句话，那就是：如果它最后能存在。

一切都可以存在，只要是它最后还能存在，这就是我在龙泉寺设计中的"法门"。这就是我悟出来的。

对"见行堂"的意见：

从事佛事活动的"见行堂"北部向外扩，然后是佛，这样佛就不在上面人的脚下了，佛的位置就可以通过天光了，室内活动空间加大了，等等。但最后没有扩，也能使用，一直到目前使用得都很好，这就是说它本能存在，那就应当存在。这种"存在"我非常高兴。

从院内向上走的大台阶，是否还向下走呢？向下走可以到山溪边，直接可通到龙泉寺的第一套院，不是方便了吗？这一点我和贤立法师、贤然法师意见都一致，于是开始施工，最后学诚师傅说："不安全。"什么不安全呢？管理上不安全。最后就将它拆掉了。能存在吗？能存在那就行。当时我和几位法师真不理解师傅的意思，但后来明白了，这以后再说。

上了大台阶，有个厅，这个厅是整个"见行堂"的厅。当时很封闭，提了意见就是打通，左打通，右打通，入口的厅对面墙上两层的两个窗合为一圆形，台阶加栏杆等。

这些意见有的改了，有的就没有改，虽是没改，实际上还是变了。比如右边就没打通，但做了六个龛，放了六幅画，按和尚的这种方式也行。台阶栏杆也没加，人们走过去，也没有人讲这个地方应该加栏杆，到现在也没有人出事，看来到目前它还能存在。

龙泉寺有很多按常理应当出现的，可实际上它没出现，但能存在着。这一切我不像其他建筑师会有意见、不高兴。我

贤立法师　中国画　（焦毅强　绘）

一直很高兴，按龙泉寺的说法叫随喜。

（三）龙泉寺的设计中无我

在龙泉寺的设计中不能存在"我认为是怎么样"，那是不是存在"和尚认为怎么样"呢？也不是，那是谁认为的呢？谁都不是，只存在该怎么样就怎么样。这个过程可以说是在龙泉寺的设计中的"无我"。这个我不是我，也不是你，更不是他，谁都不是，有什么呢？有"应该"。

建筑中应该有的都要有。都有什么呢？一切功能使用中需要有的要有，与自然文化相关的要有。还有一个就是和佛教相关的也要有。佛教是宗教，按学诚大和尚的说法：教是可以说，可以传的；宗是不能说的，靠说是说不清楚的，这个宗就是个很深的东西。

龙泉寺是个佛教的道场，第一步努力做到无我，龙泉寺的建寺工作才能参与进来，这个参与不是画一张图、两张图的事，这个参与要有心的参与，先做到无"我"才行，下面慢慢再说。

六、由东配楼出现的第五套院

（一）龙泉寺向东扩是要出现秩序

大家关于见行堂与老寺建筑出现在体量上的不协调，提的这个意见可能起了作用，龙泉寺要向东扩。关于老寺区的扩建问题专门请过窦以德、那向谦、纪怀禄、姚重光、章绚文等专家进行过讨论研究。

见行堂未建以前，老寺的建筑从尺度、形象上已存着一种秩序，这种秩序很安静，和周边的山、树都很协调，这时突然间冒出一个大个的建筑——见行堂，这一下子就出了头了，相互协调被打破了。唐代的百丈禅师制定了二十条丛林要则，这里就突破了三条：

第一条：丛林以无事为兴盛。无事图的就是一个安静。

第十六条：山门以耆旧为庄严。见行堂出现的变化太大了，那种陈旧、古拙的老寺感被冲淡了。

第十八条：处众以谦恭为有礼，这里的谦恭就是要考虑

凤凰岭下龙泉寺

到周边的环境与建筑群。

见行堂的体量突破了寺庙的传统规则，现在要向东扩建，在东扩中要解决目前存在的见行堂与老寺区尺度上的问题。

附：唐·百丈禅师二十条丛林要则：

丛林以无事为兴盛。修行以念佛为稳当。
精进以持戒为第一。疾病以减食为汤药。
烦恼以忍辱为菩提。是非以不辩为解脱。
留众以老成为真情。执事以尽心为有功。
语言以减少为直截。长幼以慈和为进德。
学问以勤习为入门。因果以明白为无过。
老死以无常为警策。佛事以精严为切实。
待客以至诚为供养。山门以耆旧为庄严。
凡事以预立为不劳。处众以谦恭为有礼。
遇险以不乱为定力。济物以慈悲为根本。

学诚大和尚对东配楼的要求是：要像布达拉宫一样，使东配楼与见行堂形成一种簇拥的形式。

(二)东配楼的建筑形式将决定龙泉寺的秩序

一种是"他爱"的秩序，在秩序组成中存在相互协调并

形成一种相互谦让的关系，组成秩序的每个部分都不夸张和显

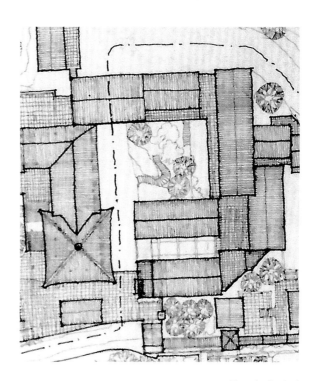

第五套院平面

禅 茶　水彩画（焦毅强　绘）

龙泉寺
头上凤凰岭
毅强

东配楼　中国画　（焦毅强　绘）

示自己。而是一种相互恭敬有礼的关系。我们可以称为"他爱"的秩序，因为整个秩序中出现的是互相关爱。

(1)一种是"担当"的秩序。在秩序的组成中需要出现突变，需要出现明显的号记，表示明显的号记不是单纯显示自己，而是将组成中的所有成员的秩序带动起来，并进入这些秩序，组合为一个总的秩序。在秩序中担当着明确的责任。为什么叫"担当"呢？如果它无法与周边的秩序组合，它就不是担当，它只能是一个另类，是需要拿掉的，"担当"是必须参与到总体程序中并起一定责任作用的，需要国家各个阶层尤其决策者充分认识。

(2)可耻的"另类"程序姑且称为秩序，只是这么叫，其实它没秩序，有的只是对和谐秩序的欺压，并不断摧毁存在着的原本和谐的秩序。这种"另类秩序"在很多地方存在着，还在不断地出现着。"另类秩序"是一种完全自私的心理体现，是非君子行为，在秩序中既不"自爱"也不"担当"，什么都不管就是它自己。它自认为自己很了不起，其实它很可耻、很下流，可惜的是这种行为还在扩散。

秩序存在着文明。中国建筑的传统秩序存在着中国的文明，这不能丢，丢了就成为我们文明的缺失。我们生活中的很多事都表达着文明。比如，上车、上电梯是争抢挤，还是谦让？在文明的国家是谦让。比如老人倒在地上扶不扶，这个问题怎么还讨论呢？作为一个人就要做到你应该做到的而已。

一个事做与不做先想自己会不会吃亏，然后再想做不做，那你说这是个什么人，这是个一事当先为自己打算的人，有些电台、报纸、网络还在宣传"有的人去做好事了，自己吃亏了"。这些机构是在宣传先为自己打算的态度，如果发展下去，就会成为一种罪恶。

(3)龙泉寺存在"他爱"和"担当"的秩序。

龙泉寺——佛教圣地、学诚大和尚弘扬佛法之地。佛法是什么，是善，是使人向善。在龙泉寺中所有的人：出家人、居士和义工互相都非常关爱，并以这种爱投入社会。

龙泉寺的建筑秩序要存在"担当"的秩序，要有"担当"的秩序。在龙泉寺所有活动中第一担当的就是学诚大和尚。地藏王菩萨说：我不下地狱谁下地狱。站起来去救别人，到地狱中去救，要按现在的人先想自己，我下地狱去救别人，我回不来怎么办？这个地狱就不能下了。然后报纸、网络、电视台开始热闹起来了，是呀，回不来怎么办呢？比如谁就回不来了，大家开始评论，不能下，不能下，回不来，回不来。在龙泉寺不是这样，贤立法师是我的榜样。贤立法师在寺庙建设中是第一名的"担当"，他将建设寺庙的全部责任担当起来，将建寺庙的全部工作担当起来，我们工程部的人都爱护他、心疼他。贤立法师是一个没有自爱的人，所以他很高尚，工程中受过几次伤，龙泉寺的工程不同于外面的工程，龙泉寺的工程全是出家人领着义工自己干的。

那么多出家人、居士自己干，组成了一个工作秩序，这个秩序中需要一个领头的，也就是第一个吃苦的人，那就是贤立法师，贤立法师就是"担当"，贤立法师与工程部的出家人、居士组成了一个和谐的秩序，有序地完成龙泉寺寺庙的建设。

龙泉寺已存在着人的活动秩序："他爱"和"担当"。

龙泉寺要建立的是建筑的秩序："他爱"和"担当"。

(三)龙泉寺形成的建筑秩序

龙泉寺的老寺区的建筑群在凤凰岭的怀抱中，是一个随顺自然的群体，形体的小尺度带给人的是谦卑，建筑对称而在对称中又产生了对古树的退让的局部非对称。老寺区的建筑互相紧密地拥有一个中心轴，而又互相谦让形成和谐的"他爱"的秩序，龙泉寺的扩建应当延续这个秩序。延续这个秩序不但继承了古寺区的建筑秩序，更重要的是延续了古寺传统中相互尊重的礼的秩序。东配楼的建筑形式将继承老寺区的秩序，形成老寺区、东配楼融为一体的建筑群，并烘托"见行堂"形成一个完整的秩序。

东配楼是一个6层的建筑，以教室为主，兼有一些贵宾接待的客房。东配楼内部空间要满足佛教管理的科学化，这是学诚师傅对佛教发展的基本要求。因此东配楼是具有现代科技功能的建筑。见行堂与老寺区建筑相比显得其体量过大，和老寺区的建筑形式反差很大。在龙泉寺总体建筑中存在的只能是一个完整的秩序，因为完整了才能圆满，圆满了才能放大光明。东配楼按这个要求，在实现龙泉寺建筑群完整圆满面前只有服从，所以东配楼要做到的是放下，所谓放下是放下自我，要做到的是尊重，所谓的尊重就是尊重老寺区的小建

筑，那些极其简单的民间建筑，要做到的是烘托，所谓的烘托就是将见行堂烘托出来，要做到融合，所谓融合就是感受不到东配楼的存在，东配楼感觉不存在，可实际它存在了，东配楼的秩序就被确定了，被确定为龙泉寺整个北区的秩序。

(四)东配楼

人有贪婪病，建筑也有。建筑本身也会有贪心，哪个建筑不想表现自己呢？但东配楼没有贪心，它不想表现自己，不但不想表现，还千方百计地隐起来。东配楼的台基地与见行堂的关系是一个大跌落。所以它就想藏起来，作为一名隐士将自己隐匿，为此形成了一个跌落的台、一个石头砌成的台，这样就与山融合了，自己都隐匿了。都隐匿了也不行，还需要看一看古寺区，干脆我就和他们一样吧，这样东配楼的顶层也就变成了老寺区的延续，老寺区建筑的延续与石砌台的组合就是东配楼。

(五)东配楼出现了第五套院

一天，贤立法师打电话说："你来吧，师傅说要将第四套院与东配楼连起来。"这就出现了第五套院。建见行堂时我们将第四套院用大台阶直接引下了溪边，师傅说不安全，这个不安全不是人身不安全，而是指管理上不安全。学诚大和尚建寺庙就是培养僧才，要严格管理和尚，就得采用对外封闭式。第四套院不向南进而向东折，学诚大和尚这个做法至此就明白了。北配楼完全采用东配楼的形式，隐藏了自己，延续了古寺区，且完成了一个完整的围合。

东配楼出现了第五套院。

七、第六套院香积广场

(一)兴建教学楼

兴建教学楼谁也没想到，大家可能奇怪，寺庙建设怎么没个规划呢？就是没有规划，没有规划是因为没办法规划，和尚本来一无所有，一寸地也没有怎么规划。龙泉寺的一切都是

东配楼屋顶望北配楼

东配楼屋顶

第五套院中的北配楼

图书馆

靠居士、义工们捐的，靠地方支持。从老寺区的恢复到东配楼的完成都是靠出家人的行动和众人的善行。东配楼建成后没计划继续向东扩建，因为没有地。东配楼建成后就认为结束了。要做的只有两件事，一件是修一个寺门，将寺庙能封闭；另一件是修整破坏了的环境。建东配楼时将溪沟壁破坏了，现在要修复它。修溪砌石壁，随地形成梯台状。为了省石料，贤立法师提出砌石洞，砌石洞还可以为出家人修行用，这样沿溪跌落的洞穴就建成了。

建石壁后觉得这么结实的基础上面不盖房子就浪费了。经与场主交涉后决定在石壁上建房，建教学楼，全是教室。

龙泉寺的设计不同外面，龙泉寺的设计没什么专属性，功能没有专属性，是谁设计的也没有专属性。一般的工作方式，比如教学楼：

（1）和尚先提出要在石壁上建个教学楼。

（2）下一步怎么建，建成什么样，全是我的事，我拿出图。

（3）和尚对我的图进行否定，融入和尚的要求。

第五套院中的北配楼

从北配楼望见行堂

（4）组织义工完成施工图。

（5）和尚有的按图施工，有的不按图施工。

（6）在寺庙做设计不要太较劲，但得认真。

这好比和尚递给你一个球，你可想好了，他说不定怎么给，怎么给都有可能，但不管怎么给，都得接得住。与和尚一起建房子是全面练功夫的事。

教学楼是双面楼，沿溪是长向，沿石壁跌落，教学楼延续东配楼和老寺区建筑群的做法成为与老寺区和东配楼统一的

秩序。双面楼内走廊两侧一般房间是一样平的。但这是佛教寺庙，一切都要符合秩序，都要有次第。所以内廊的两侧也要有高低的秩序。教学楼两个方向的双跌落使得建筑形体更加丰富，其走廊设天光采光，光从三层上一直投射到底层。

（二）寺庙建筑的特点

教学楼与东配楼成为围合的南和西两边，只要再加上北和东就又围合成一个院子。大家一起研究将要围合的院子，我

东区设计全景图　中国画（焦毅强　绘）

第六套院平面

就提出将这个院子与东配楼的院子打通。师傅听了，很认真地说："好哇。"转一转看，大家一起转研究怎么打通，在路上我和师傅交谈，请教师傅，除了使用要求外，寺庙建筑有哪些特点呢？师傅说："你说说看。"我提出寺庙的建筑应做到：光明正大、庄严、神秘。

师傅讲："还有一条安全，出家人学修安全很重要。"寺庙的学修场地要与外界隔断，成为一个安静的场地，没有外来的干扰。经过师傅的明示，寺庙建筑应当做到的是：光明、正大、庄严、神秘、安全。

光明：建筑的朝向，建筑外空间和内空间都应该是光明的，不要出现死角和幽暗的空间。

正大：佛教讲正信、正能量，一切都是正的，建筑的内外形象都要是正的，不能是怪的。

庄严：佛教活动威仪而庄严，这是佛教徒发自内心的虔诚的活动，建筑必须庄严。

神秘：佛教含有很深的教义，按师傅说宗教，是宗和教，有能说能教的，有更深不能说清楚的要靠悟的，寺庙建筑应当有神秘感，也可以说是有很深的层次，使人不能一下子看透。

安全：是消除外界的干扰，形成一个清静的学修环境。寺庙建筑的交通组织就出现了特殊性。比如，外边讲交通方便、快捷，这里可能就要讲不方便，更不能快捷，形成绕来绕去的交通，并有许多关卡，这都是为了安全，同时也形成了寺庙的特性。

佛教建筑要做到的应当是：光明、正大、庄严、神秘、安全。这样做佛教建筑的形象就不一样，那些为旅游目的而建的形象就不能要。师傅举很具体的例子，指出当前出现的很多旅游庙（其中不乏名人作品）。师傅说这些建筑不适合我们佛教。为什么很多名建筑师做出这些东西来呢？因为他们不了解佛教，他们眼里的寺庙就是满足旅游需要的，这是现代整体对传统文化的缺失，是很痛心的事情。

(三)在寺庙秩序中的次第

秩序是组织的规则，次第是指将已完成的秩序进一步再组织成为高一层的秩序。这里的秩序和次第分开来讲是突出寺庙的神秘，一个全部开放的大空间建筑陈列在其中可以有秩序，但我觉得这样比较浅，一眼就看透了。看一眼，全明白了，活动内容的场地也不好区分，可以说它有秩序而没有次第。建立次第是更深的一种层次，这种更深的层次接连不断并产生级别，我称为次第。比如一个空间建筑组成的秩序，另一个（或多个）空间也组织成了秩序，那么这些空间之间就形成了次第。这种组织由小到大，可以分出很多层次。

这种由秩序组织成的次第，其特点是中国传统建筑中特有的，为什么呢？前面已经分析过这是为了场空间的次第而形成太极的次第，中国次第可以从人一直连通到宇宙。中国这种场空间院落，佛教本土化就已经接受了。在寺庙中一层院落又一层院落，层层相套、相通相连，形成了寺庙的神秘。

(四)第六套院香积广场

以教学楼与东配楼为基础进一步围合出现第六套院，现在称为香积广场。

考虑到安全，师傅讲这两个院子不要打通了。第六套院就成了一个相对独立的院子，院子的西南和东北设了两个口与外相通。第六套院形式仍延续东配楼。

第一至第六套院形成了一个连续的跌落台地院。第六套院除教学楼为教室外，其他基本为图书馆。学诚师傅一直很重视图书馆。东配楼就已设有图书馆了，第六套院的图书馆是东配楼图书馆的扩充，这也是师傅说的管理科学化的一部分。

第六套院在西北方向与东配楼在室内连通，在西南方向与东配楼平台在室外连通。

(五)龙泉寺的东山门和青龙桥

龙泉寺第六套院建成后再向东发展就没地了，东侧需建山门。东侧的山门将寺的建筑北部与围墙之间的自然景观围合成一大院，这套院比第一到第六套院又高出了一个次第，东山门就是这个院的外入口。这院的次第高了，东山门的等级也就高了，所以单纯一个门不行。在门洞上建了一个阁，师傅确定为圆形，圆形对于这个尖角地形非常合适。

教学楼平面

从教学楼望明心阁

教学楼全景

走廊

香积广场之图书馆

东配楼

教学楼屋顶平台北望

从东配楼望香积院

香积院北楼

山门建成后从见行堂室内圆形窗望去正对圆形阁的尖顶，这是个巧合。

龙泉寺是沿山溪展开层层跌落的，山溪的层层跌落至寺的边界也要处理，且要有路通向东山门，所以需要有座桥。溪边已有辽代桥为金龙桥，这个桥就起名青龙桥，以表示金、木，即西、东两个方位。青龙桥主要满足车行，寺里的生活供应及垃圾的主要通道，但也有人行。

金龙桥古人满足的车行与现代青龙桥满足车行截然不同，现在是汽车。桥的尺度一下子变大了，为减少尺度感使其与金龙桥呼应，将青龙桥分为人行桥和车行桥，突出人行部分，与古金龙桥呼应。

青龙桥　中国画（焦毅强　绘）

龙泉香溪
谷西有随
建金龙桥
今横思东

青龙桥古
桥香客汽
东均欲通
行尺寸太

大破坏山
溪完整亦
不能欲望之
桥相应现

意田人桥
东桥破之
强调人而
淡东

馨苦老人

从东山门向内望

远看东山门

西跨院　中国画　（焦毅强　绘）

八、将要恢复的西跨院

(一)如何恢复西跨院

1.西跨院

龙泉寺从第一套院向东发展，至青龙桥基本上就没地了。第一套院向西有一个院，叫西跨院，院里有古寺的遗址，这里的古寺比现存的第一、第二套院的古寺建筑还要老，遗址后面有个台地，再向后就是山了。西跨院一进门的北侧有一条山路，可以一直登上山顶。西跨院遗址区场地较为开阔，目前比较大的室外佛事活动多在这里举行。

西跨院有围墙和院门与第一套院隔开。

2.对西跨院的分析

较长时间在研究西跨院的恢复。

(1)遗址是保护，还是按原样重建，这关系到原址的等级和保护意义。

(2)西跨院的恢复不是为旅游的，就是说不是为看的，而是为用的。按这个要求，那就应该按寺庙现实需要去建，而不是按原样恢复。

(3)西跨院遗址西面是一高台地，在上面也可以搞建筑。

(4)贤立法师提议西跨院建方丈院。

(二)龙泉寺的两条轴线

西跨院遗址清楚表明西跨院有一条轴线，这条轴线是东西向的。看来龙泉寺历史存在轴线转换，也就是说产生过两条轴线。

贤立法师曾与我讨论过这两条轴线，西跨院的轴线要早于现在存在的轴线，在恢复西跨院时，是否应该将轴线改回来呢？

1.分析西跨院的轴线

龙泉寺背靠凤凰岭，是坐北朝南的，过了西跨院凤凰岭又转向西，西跨院位于转角的凹穴处。

龙泉寺南侧是一山溪，由转角的凹穴处自西向东流，水溪不断跌落。分析西跨院所邻的山、水自然环境，这个环境所形成的场空间的气流是自西向东运动的。

西区设计全景 中国画（焦毅强 绘）

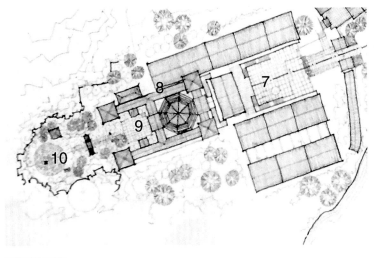

西区平面图

山溪由西向东流"行到水尽处，方看云起时"，山溪在凹穴处就尽了，所以这个地方应是云起处。

按此分析古人将古寺置于此，顺山势自西向东形成轴线，形成历史上西跨院遗址的布置格局。

2.西跨院轴线的问题

在分析现存的轴线，我们肯定会想，为什么西跨院东西的轴线会消失，而出现南北方向的轴线呢？

西跨院形成的轴线与西部高东部低的地势是一致的，与自西向东流动的山溪的冲击方向是一致的。

西跨院古寺的轴线布置，从以上两点看是极为不利的，它形成了一种向下冲击的形势，也就是说长期受到向下冲击的力，这样，西跨院的古寺就很难存在。

以上这些古人肯定是认识到了。

3.现存古寺的轴线

凤凰岭位于西跨院，后有一个转弯，有一个云起之处。这个云起对古人可是相当重要，因为这是气场的起源，深山修行找的就是这个云起，坐禅面对的也是这个云起。我们也常看到从山根会有类似薄雾升起，西跨院西端的高台上就是这个地方，因为高很少人上去。

龙泉寺由这个云起处和围合的山、水之势就形成了一个场，这个场就存在一个太极，太极中存在阴阳互动的气，互动的气就生成力，这个力是个增持的力。可按西跨院的轴线形成的小气场和这个运动向下的是平行的，其后果是将西跨院的小气场给冲击了。

以上这些古人也感受到了，出现了西跨院的古寺的逐年败落，为此，古人要调整轴线。经过轴线的调整，才出现现存的轴线，现存的轴线与气场的方向垂直稍有角度，这种轴线布置使得现有的古寺气场中的"力"不断得到补充。

山溪的水流和山西高东低的势在云起的带动下形成一个很大的气场。古人认为这个势会逐年地发展下去，当然这还要看天时。今天的龙泉寺就是发展，而且是活着的气场，向古寺的东方发展，出现第四套院、第五套院、第六套院，并将以青龙桥结束。为什么以青龙桥结束呢？从喻义上说，一用桥作结束，为寺内气场留有气口；二是桥是渡人的，渡人是寺庙的目的。

4.西跨院的规划

保持现有寺里的轴线，西跨院的位置可以视为祖位，这样西跨院和中轴线以东的几套院就形成了均衡的对称关系。

西跨院的院门围墙保留，保证了西跨院的相对封闭，以象征祖院的地位。原遗址的建筑新建，建议功能改为戒坛。戒坛应当按传统规划完成，以突出其庄严和神圣。

唐代道宣法师《戒坛图经》明确了戒坛的建筑要求和标准。

戒坛从地而起，三重为相，以表三空，为入佛法初门。散释凡惑，非空不遣。三空是得道者游处，正戒为众善之根，故限三重也。昔光明王佛制，高佛之五肘，表五分法身；释迦如来减为二肘半；上又加二寸，为三层也；其后天帝释又加覆釜形于坛上，以覆舍利；大梵王又以无价宝珠，置

覆釜形上，供养舍利。是则五重，还表五分法身（以初层高一肘，二层高二肘半，三层高二寸，则三分也。帝释加覆釜，则四重也。梵王加宝珠，则五重，此建五分具也）。如来一肘为常人两肘，唐人一肘为唐尺一尺五寸，一唐尺为现在的30.7厘米。今之戒坛初为天造，天工巧妙，理出人谋，然佛指挥，又非凡度。故其相状不同恒俗。跨入西跨院拥有戒坛的院就成为第七套院。

戒台后为一高台平地，这一处即云起处，是个需要将气扬起的地方，从远处看整个龙泉寺隐在凤凰岭中，应当有个显露的建筑。

建议建一座五层六檐大阁。这个大阁宜供大佛，由于这个大阁建筑使用的性质和所在位置，将高于见行堂成为最高的建筑。由大阁为中心组成的院成为龙泉寺的第八套院。

大阁向北，贴近云起处，应建方丈院。方丈院应以草堂建筑为主，这个方丈院就形成了龙泉寺的第九套院。至此，龙泉寺老寺区建筑应已完成。

九、龙泉寺的第十套院

(一)丛林寺院龙泉寺

古印度的佛教修行人，沿门托钵乞食，释迦牟尼和弟子们始终践行"日中一行，树下一宿"这种居无定所的生活。佛教传入中国至"马祖开丛林，百丈立清规"，弘扬佛教需要定所。从西跨院向东连续九套院，九套院各司其职，至此，丛林寺院龙泉寺似已完成。

西跨院的规划只是一些想法的图像化，需要师傅学诚大和尚确定，也可能师傅想的是另外一些，所以心里绝不执著。

(二)龙泉寺的第十套院

图纸画完后，有个居士就上到高台上，想上去看一看上面的地形。没想到看到了古龙泉寺就在平台后面的山坳里，居士下来后贤立法师安排搞测量的居士去测一测，反映到图

第十套院平面

纸上。

　　将古龙泉反映在图纸上后，很神奇的发展，古龙泉的方位与西跨院的轴线稍向南移。而西跨院的轴线与现存古寺的轴线正好垂直交会，集中在第一套院的中心点上，而这一切正好就是完好的传统风水格局。古龙泉寺被山坞围合形成了一个自然的场空间，这个自然场空间成为了龙泉寺的第十套院。

龙泉寺老区全景1　中国画（焦毅强　绘）

龙泉寺老区全景2　中国画（焦毅强　绘）

(三)原来这就是龙泉寺

2005年学诚大和尚来到北京凤凰岭下的龙泉寺，至今现存的古寺区已恢复，古寺区中轴线东部寺庙的建筑已完成，在这过程中，学诚大和尚和众弟子历经辛苦，这种辛苦感动了很多人，也感动了山水自然，山林有了生气，古泉井又开始出水了。

我们将整个龙泉寺的平面图合在一起，又一个惊奇的事出现了，整个寺庙从平面上看竟然就是一条龙。龙头在方丈院，正对古泉井，龙身至第一套院弯曲，金龙桥为其探出的一脚，龙身沿山溪顺山势向东伸展，分别为第三套院、第四套院、第五套院、第六套院至青龙桥为展出龙尾。

看了整个的平面，没想到龙泉寺几年的建筑向东延伸，最后竟然是一条"龙"。原来这就是龙泉寺。

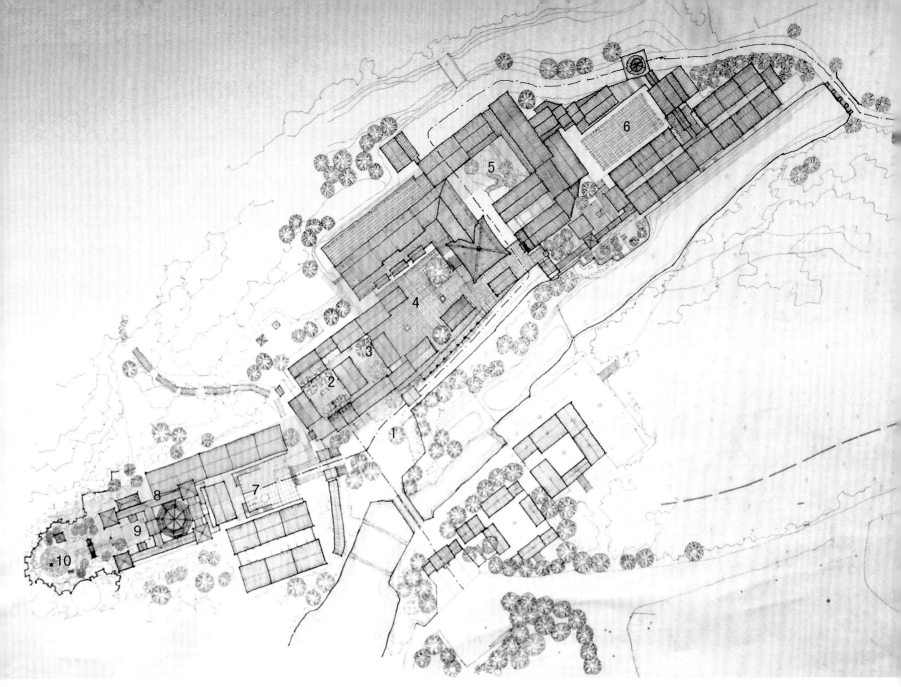

老寺区总平面

龙泉寺大地心农耕
心农
苑僧人居
苑之场所
本农照修
应贤然治
之霁界列
此门非门之
每一农家
与～农家
大柳绿篁
如之石木
均百山林
取人

农耕苑门　中国画　（焦毅强　绘）

农乐图　中国画　（焦毅强　绘）

十、龙泉寺大地心农场

（一）大地心农场

中国佛教提倡"一日不作，一日不食"的农禅并举禅风。大地心农场就是龙泉寺耕作的地方，寺里用斋吃的饭菜很多都是它提供的，干活的人除了出家人还有很多居士。

随贤然法师从工程部调到大地心农场，我开始接触大地心农场。

大地心农场曾与我有段缘。我家养过一条狗，我们都很爱它，它更爱我们，这条狗后来后脚有了毛病，只能拖着走，大小便都要人护理。几年来一直是我的孩子护理，他们之间的感情更深。这条狗死了，家人非常伤心，将它火化了，骨灰我孩子想放在家里，这不合适。我求助贤然法师，贤然法师领着一些人将狗埋到寺的农场里。我们都觉得很好，贤然法师这样做让我们全家都很感动。同时贤然法师又讲了人的生死，讲了佛教，使我们深受教育。

农场种菜不用花费，而是在菜园中央用黄土围挡圈起一小块地，种虫子最喜欢吃的，结果虫子就吃它自己那块地里的了，其他地方就不吃。

农场早晨出工前第一件事是圆念，第二件事是行禅。贤然法师说："你可以试一试，跟不上就慢慢走。"行禅时贤然法师敲着木鱼在前领，后面的人排成队跟着，走步的第一步脚跟先落地，然后脚掌压实地面，然后第二步。每一步都念着阿弥陀佛，我走了一圈，感觉非常好，尤其对老年人，使步子可以练得很稳。

有一条野狗来到农场，有人将它带到很远的地方，过了很长时间，它自己又找回来了。不但回来了，还主动为农场看门，站在门口，面对门外，来了生人就叫几声，它对我的待遇不一样，好像我家的狗一样一直跟着我，并趴在我的脚

大地心农耕栗子苑　中国画　（焦毅强　绘）

农耕前行禅

上，我想这可能是我家狗给它传的信息。

　　在农场地里的菜很多，我每次去，在那里干活的居士们常会装一些新鲜的菜让我带回家，这些人真都是很好的人。

(二)农场里的两个小建筑

　　说是个建筑，其实谈不上。大地心是个农禅的场所、清静的地方。在凤凰岭下干点儿活静一静心，真是好地方，

这地方图的就是一个安静。可常有游人一批一批地来，对农场区有干扰，就想将农场围一围加个门，这就是第一个小建筑，院门和围墙。

　　修心的最高境界就是归隐，归隐的主要方式就是农耕，大地心这个农耕园可不能小看，这里面都是高人，要在这建围墙、建院门很难。意境那就要很高，形态那就要很简，应当简到没有。设计围墙的材料就是地上的干树枝，捆成把，

菜园　　　　　　　　　　　　　　　　　　围墙

然后一组组地拼接成围墙。这围墙有两个特点：第一它没有，它只是用树枝集把围合；第二，它需要众人合力完成。完成后过个一年、两年还要不断更换，这成为一个活动，一个更新的活动，它就有了修心的意义。农场的院门，也是用树的枝条系成把、拼成船，这是个漏水的船，将其翻过来底朝上，用两根树干一支就是院门。这个院门有个含义，进入农耕园为修心，农耕园实际上是个渡人的园，过院门就是要求渡，所以这个院门是条船。因为船可以渡人，可这里这条船是漏船，不但漏还把底倒过来了成了这个门。这个门怎么渡，能不能渡，全在个人。

农场的第二个小建筑就是"栗子园"。这个小建筑是为干活的人准备的，干累了喝口水有个地方，也可以说是喝茶的地方。

茶道精神与禅学相通，所谓的"茶禅一味"说的就是这个饮茶的意境。饮茶能使人心静、不乱、不烦、有乐趣，但又有节制。与禅宗变通佛教规诫相适应，饮茶也是一种悟，茶中有道。

建"栗子园"的地方不但三面环山，而且离山很近，看上去很美，可以说是凤凰岭最美的地方之一。建"栗子园"怎么建呢？"栗子园"就是喝茶，有个顶有了围合就行了，重要的是由内向外看。由外向里看最好消融在自然中。在这个栗子园行茶道，意境很好。

龙泉寺新区
全景规划图

十一、龙泉寺新区

新区建设第二种选择鸟瞰图　中国画　（焦毅强　绘）

龙泉寺图书馆博物馆慈善国际交流
居士教育文化出版弘宣体验各中心

龍泉寺全景規劃圖

鳳凰

震起雷雲根山北在泉龍有

北

12　11　10　9　8　7　6　5　　　4　3　2　1
停　商　發　交　佛　老　居　休　　弘　文　國　圖　　大　太
車　業　心　過　學　寺　士　驗　　宣　化　際　書　　講　佛
場　服　中　中　院　區　教　中　　出　出　交　館　　堂　堂
　　務　心　心　　　綠　育　心　　版　版　流　　　
　　中　　　　　　地　中　　　中　　　教　
　　心　　　　　　　　心　　　心　　　育　

新区总平面　中国画（焦毅强　绘）

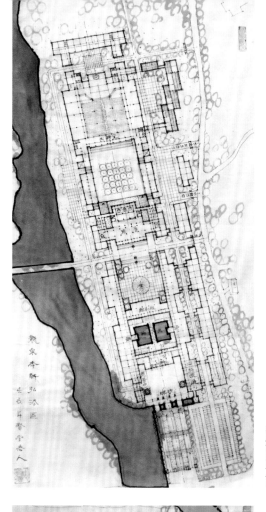

弘法区平面

新区总平面（第二种选择）

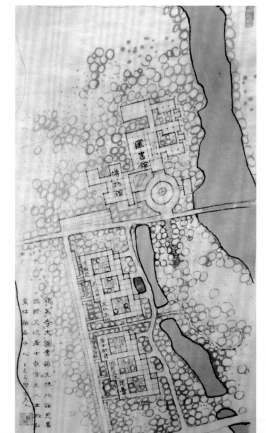

普法区平面

龙泉寺新区　第一种选择1　中国画　（焦毅强　绘）

龙泉寺新区　第一种选择2　中国画　（焦毅强　绘）

(一)龙泉寺新区的第一种选择

龙泉寺的迅速发展需要增加活动场地，第一种选择是老寺区的山溪对面。主要是增加大讲堂，大讲堂增至2000人，还增加一些事业发展部。新区规划成连续的院落，据地形的高低成为台院，新区与老寺区隔山溪对望，可连为一个群体。

(二)龙泉寺新区的第二种选择

市区有关领导考察龙泉寺后，龙泉寺老寺区的发展得到了肯定，并提出新寺区的位置。这个位置比上面所选的位置要好，由于第一种选择要毁一些树，这些树的毁坏影响了老寺区的深山古寺的神秘性。

第三章　中国建筑之魂对现代设计的实际意义

湖南镜玛湖景区小品　水彩画　（焦毅强　绘）

调琴图　中国画　（焦毅强　临摹）

海岸积石　水彩画　（焦毅强　绘）

一、从追寻中国建筑之魂中我们得到了什么？

从追寻中国建筑之魂中我们得到如下几点：

(一)场空间

(1)首先寻求及建立以自然为先，以自然为大的场空间。

(2)建筑组合也应形成场空间。

(3)由自然场至建筑场形成逐级的引入，即将自然场与建筑场连通。

(二)秩序

(1)建筑应当有秩序，建筑设计重要的就是排秩序。

(2)秩序有善恶，分为"爱他"的秩序、"担当"的秩序和"恶"的秩序。不突出自我个性，随顺周边建筑而组成的秩序，称为"爱他"的秩序。与周边建筑协调，同时担当起本秩序的一定责任形成的秩序，称为"担当"的秩序。破坏已经形成的和谐秩序，破坏文化，破坏自然，突出表现自我的秩序称为"恶"秩序。

(3)建立统一和谐的秩序，注重秩序中的等级也就是次第。通过次第组织秩序使其各司其职。

(三)秩序中的个体

(1)从周边环境和土地利用价值来分析个体的体量大小高低。

(2)确定秩序的明确特征需先从建立个体明确特征入手，特征需建立在科学的基础上。

(3)当代人与古人建筑秩序的区别，主要是个体的区别，而其他应当是相似的。

(四)个体的表现

(1)个体无特征表现，其形象完全由使用中的需求和科学产生。这种形式的建筑主要在秩序中完成功能的作用。

(2)个体有特征表现，在满足使用需求的基础上表现一定的文化特征。注意不是表现建筑师自我的特征。

(3)个体有较明确的特征表现。在满足使用需求后，还应当对周边秩序起担当责任，即形成地标并统领一组秩序。注意不是表现自我去破坏周边的秩序，是一名担当者而不是破坏者。

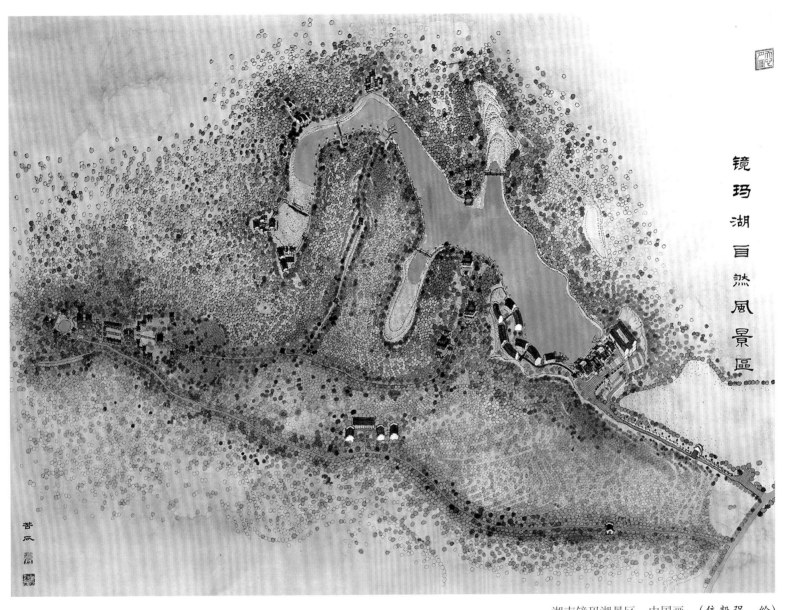

镜玛湖自然风景区

湖南镜玛湖景区　中国画　（焦毅强　绘）

参加设计人：郝鹭

镜玛凝秀　苦禾

宾馆区　中国画　(焦毅强　绘)

二、建筑融入自然场空间的实例
——将建筑轻轻摆在青山绿水间

　　湖南衡阳镜玛湖四面环山，青山绿水，竹林茂密，只有乘船才能进入。湖面幽深，只有一二只小木船。乘船进入湖面，曲折深入山中，湖面全是山的倒影，山势似丘陵，不是很急的忽上忽下的那种，满山全是青翠。沿湖到底全是一片塘，青草滩边长满竹林。沿竹林中小路上有一民间小庙，名群信寺，庙中有两个僧人。从山下往上看全是层层的青山。这是一片没被人打扰的圣地，在这里做项目要特别小心。镜玛湖景区将建在这里。

　　中国传统将自然放在前面，天地为大，追求的是一种"天地境界"，要做到"忍者浑然与物同体"，使人融入自然之中。融入自然是有条件的，恶山恶水就不融入。要融入的山水必须有一个场在，而这个场的围合物，比如，山林、水溪，都是完美的。这个场中国人视其为自然生成的太极。

　　这是一个大的太极，人的进入一定要小心。镜玛湖景区的设计按照这个思想就不是常规意义上的景区设计，而是在大自然中选最佳位置，这个位置不伤害自然又能亲近它。

　　镜玛湖景区分为三组：

　　(1)星级宾馆建在入口处，一面对外，一面观湖。

　　(2)休闲客房分五组深入皂塘竹林中。

　　(3)扩建寺庙于山上。

　　建筑全部采用小体量，分散布置，穿梭在林间。建筑形式采用当地的马头墙、灰瓦、白墙、黑柱、黑门窗，使新建筑接近当地民居风格。建筑总面积2万平方米。

　　在设计中寻找建筑自身应当出现的东西，而不是将建筑师的要求拿出来，是设计中应当做到的，这才是设计中"无我"。建筑自身应当体现出环境对文化的制约，它如何应对：一个是它本身是做什么用的？项目它应当生成什么样子？另一个就是综合自然、文化、科技对建造者带来的利益回报。

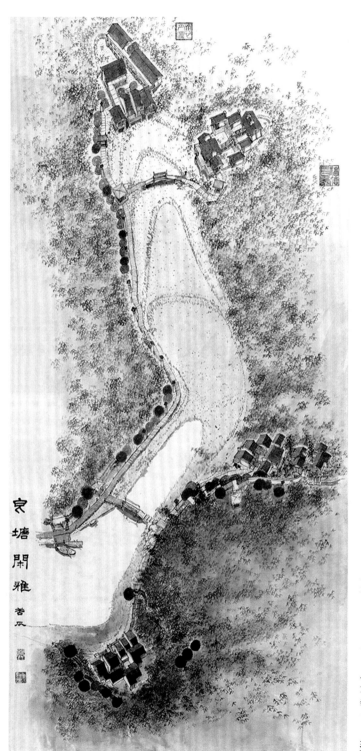

皂塘閒雅

皂塘区　中国画　（焦毅强　绘）

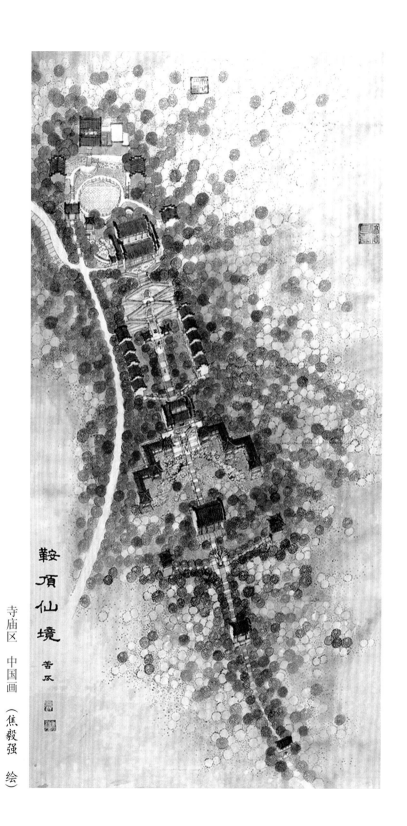

鞍頂仙境

寺庙区　中国画　（焦毅强　绘）

宾馆区全景　中国画　（焦毅强　绘）

大堂

宾馆区平面图

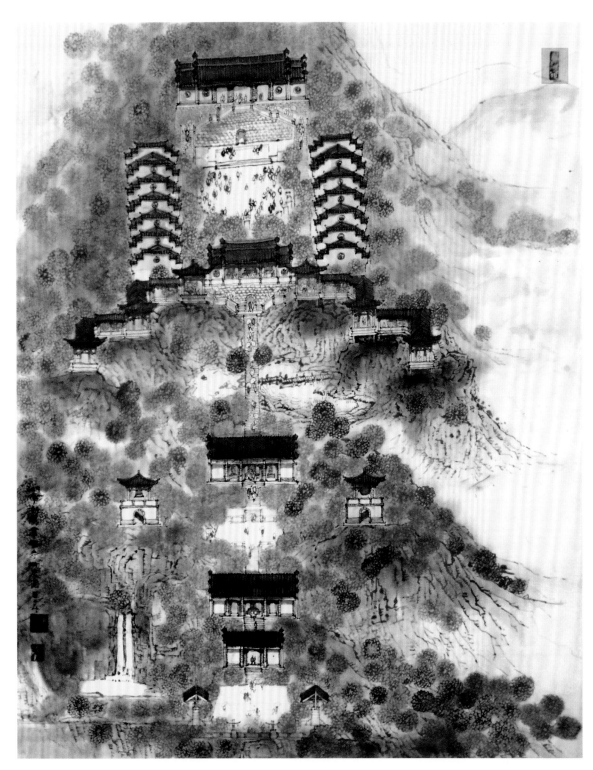

群信寺　中国画　（焦毅强　绘）

皂塘区客房 中国画 （焦毅强 绘）

皂塘闲雅之冬　中国画　（焦毅强　绘）

三亚七仙广场 1　电脑效果图

三亚七仙广场 2　电脑效果图

三、景观建筑与场空间同时建立的实例
——黎苗族旅游景点的设计

参加设计人：郝　鹭

黎苗族旅游景点是一块方形用地，两面沿水。此项目要求：

（1）餐饮、商业一条街有很多黎苗族食品、工艺品要卖。

（2）要提供两个场地开展泼水节活动，这是一个可以提高人气的活动。方形用地对角线最长，且对角线一端是河的转角，有很好的自然景观。商业街就按对角线布置，两侧一边一个泼水节广场。设两个广场是为控制人流和区分活动的个性，整个布局完全根据项目需要。建筑的形式是为了追求阴影区及如何能形成气流。做了一些连续的围合空间使树木环绕形成阴影，做了一些高尖塔用来拔气，黎苗族景点就这样形成了。

步行街入口　电脑效果图

四、单体建筑设计中寻找自然和文化特征
——海航宾馆

参加设计人：郝　鹭

　　海航宾馆的设计为开口的单面廊形式，这样做形成了一个半围合场，并且房间的通风都很好，可以调节炎热的气候。屋顶的退台做遮阳形成大片的阴影区。宾馆设计中所做的一切都是追求能生成阴凉流动的小气候，让人舒服些。三亚这个地方气温高，但空调应尽量少开。开空调会形成室内外过大的温差，人出出进进就会很不舒服。不开空调会让人舒服些，所以在三亚建房子调节微气候就很重要。出现在建筑上的大片遮阳和为了空气流动而出现的建筑体形形成了建筑的形象，这些就是建筑本身使用需要的。

总平面图

海航宾馆　电脑效果图

五、从大自然场空间引入建筑场空间的实例
——大众媒体产业基地

设计人名单：

孙　玮　俞文剑　刘成明　徐　晓　王　洋　胡　菁　王利华　吴　建
兰　伟　王卫超　胡晨旭　孙　亮　张　勇　宗少伟　周正彬　孟　铃

大众媒体产业基地　电脑效果图

大众集团本部大厦俯视图
电脑效果图

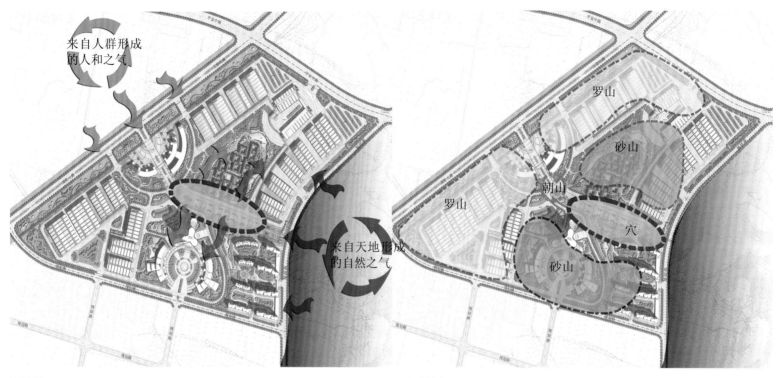

气场图1　　　　　　　　　　　　　　　　　　　　气场图2

(一)大众传媒产业基地的三个重要组成

1.大众传媒本体

大众传媒本体就是一个新闻媒体,是党报,是具有保密性质的单位。本项目有办公、出版和生活区,各区之间是需要相互隔离的。大众传媒可以用广泛的号召力整合部门、企业。

2.产业基地

产业基地(仓储物流区)是拉动经济的场地,本项目具有多种功能,多层次现代活动方式的储存展示空间,可以接待国际国内的各种交易会、展示会、博览会、研讨会。

3.活动因子

活动内容有了,场地具备了,就一定要有人来参加,可以是政府,可以是科研单位、企业、厂家、广告商,也可以是个体。他们组成了每天参与活动的人流,应当看到这是一个大人流。要推动经济就必须有大人流,如果人少了,这个项目就可以说失败了。这些参与的人流是应当在管理之下的,本项目分区设有接待分流中心,活动前的等候场地,有休息场地、相互交流场地、研讨的场地,以及生活必需的服务设施。

(二)自然

1.自然就是看周边环境,看保护环境和节省能源,场地周边道路围合的本场形体并不很好,背后有一座山,可惜被破坏了。本项目有责任医活这个环境。环境好了,风水好了,项目本身就好了。本项目从山体方向拉出一条绿轴,形成风水带、自然带,也就是风水说的气场带。风水看气场,气场看云起,云起看山。医活山体,绿化山体,拉出一条绿化轴贯穿整个场地。

(1)绿化轴自然划分了大众传媒本体和产业基地(仓储物流区),分流了不同的人群;

(2)绿化轴形成了一个自然带,加强了与自然环境的融合;

(3)绿化轴作为人流的缓冲轴,提供了活动人流的休息场地;

（4）绿化轴作为齐鲁文化及大众日报的历史变迁展示区。

2. 再造自然：

本项目整合水系、绿地创建绿色生态环境。

A、B、C三个地块与凤凰山体围合了一个大的空间气场。这种人类活动的场文化即齐鲁文化，以场为核心的空间组织是本方案一大特点，是先天正生、万物同一的思想本源。

按中国传统风水格局——觅龙、察砂、观水、点穴。本方案空间组织如下：

（1）确定凤凰山为本方案的祖山，医活破坏的山体，使其草木繁茂，苍烟若浮，色泽油油。

（2）设大众本部建筑群（企业文化载体）与明清四合院群（齐鲁文化载体）为左右砂山，围合主气场，形成承载文化的绿轴。

接待中心设计为可开合的荷花造型，取其"和"意，并将其定位朝山。

将外围报业印刷厂房区、广告创意、会展培训、多功能仓储物流围合为罗城。

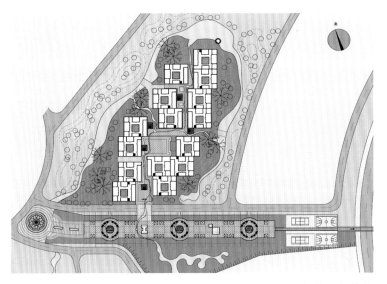

自然、文化轴

多功能销售物流展厅沿街透视　电脑效果图

总平面图

祖山、砂山、朝山、罗城围合绿轴为场空间成为本方案空间灵魂。

（3）观水：场空间注入了完整的环境水体，且成高低不同的流水，形成多个瀑布景观，将气场活跃起来。

（4）点穴：恢复大众日报1939年及1946年两个历史时间的建筑作为展厅，作为企业文化的祖屋，确定为本案之穴。

（三）文化

大众传媒产业基地应当具有弘扬传统文化的责任，其应表现的文化特点如下：

（1）齐鲁传统文化应当是文人文化。

（2）齐鲁民国文化体现近代历史变革节点时期的文化特点。

（3）企业文化：大众日报的企业文化。

（4）文化在环境和建筑中应巧妙合理掌握表现的分寸。

结 尾

从平常心是道谈起

苏轼《超然台记》节选（焦毅强 书）

2012年11月16日，这是中共十八大后的第一天。这一天幸同赵县梁胜军县长、河北建投集团马国庆部长及河北康辉旅游刘江海总经理，参拜柏林禅寺，得见明影主持，同议柏林禅寺的周边建设发展。商业旅游包围寺庙，利用道场取得经济利益，当前这是太普遍了。我由京而至，并得以发表一些看法，应当感谢诸君。如何做呢？散寺时，明影法师赠我一书《柏林禅寺古佛道场》。这本书我持在手中觉得很重。书为什么重呢？在柏林禅寺边搞建设，是在做什么呢？因为建设对古寺，对海内外广大僧众居士信徒的心，对文化的传承，对佛法的弘扬的影响太大了，所以很沉重。今天又是十八大后的第一天，这一天对我们意味着什么呢？经济发展会有两个转变。其一，将更加注重基层地区，赵县就是华北平原的基层地区。其二，将保护传统文化协调发展。今天要谈的这个项目如何保护柏林禅寺来协调经济发展呢？这可能也是以文化拉动经济的发展模式吧。从这点来说也是相当沉重的。

明影在我们离去时赠我们人手一册《柏林禅寺古佛道场》之意，用老百姓当前的说法是"请多多关照"。关照什么呢？关照我们对佛手下留情。这本书拿在手中异常地沉重，此时心中生起一念，请明影法师渡我。所以请明影法师在书上题字。说是书上题字，实求法师明示。明影法师在书上题"平常心是道"，至此我心方能放下。

"平常心是道"是赵州禅师从谂问南泉"如何是道"时的南泉答语。我暗问明影何以是道？明影答"平常心是道。"当下要搞的建设的"道"应当先持一颗平常心。这个平常心平常得就像随时要呼吸空气，每天要喝茶一样。喝茶平常，但里面也深有滋味，需要深思。当下搞这个建设深思什么呢？

佛教圣地不能侵犯，当前协调的方式就是发展经济是要保护和弘扬传统文化。

做什么用呢？以禅来调节人的心性，弘扬和普及禅入人的正常生活中，内容很平常，我们当下的生活离传统文化越来越远，以至于道德缺失。弘扬禅文化围绕禅做一些有意义的项目应当是平常心。

建筑形式是什么样子的呢？那就看柏林禅寺吧。一切印记都在其中，而不是还有其他另类的表现。当下需要的是以一颗平常心去看懂也就是要细品这个茶。

做好了，赵县将得到发展，这是真正的发展，是党的十八大以后的发展。整合文化的发展建立在中国传统道德层面的发展，是一颗平常心而生出的发展。

做好了，建设应当得到利益，得到真正的利益，这是有利于赵县文化，有利于柏林禅寺而取得的利益。

写这些如是说是有平常心，实是还未可得，为什么呢？有担心。将会怎么样呢？还是喝茶去吧。

阿弥陀佛！

赵州和尚从谂　中国画　（焦毅强　绘）